点＋线

——关于城市的图解与设计

Points+Lines

DIAGRAMS AND PROJECTS FOR THE CITY

[美] 斯坦·艾伦　著
任浩　译

中国建筑工业出版社

著作权合同登记图字：01－2003－7979号

图书在版编目(CIP)数据

点＋线——关于城市的图解与设计／(美)艾伦著；任浩译．
北京：中国建筑工业出版社，2006
ISBN 978－7－112－08662－7
Ⅰ．点…　Ⅱ．①艾…②任…　Ⅲ．城市规划－设计－研究
Ⅳ．TU984.1

中国版本图书馆CIP数据核字(2006)第116881号

本书由美国普林斯顿建筑出版社授权翻译、出版
Points+Lines/DIAGRAMS AND PROJECTS FOR THE CITY/Stan Allen

封面背景图片：虚构／非虚构画廊，纽约，1991年

责任编辑：戚琳琳
责任设计：郑秋菊
责任校对：张景秋　关　键

点＋线
——关于城市的图解与设计
[美] 斯坦·艾伦　著
任浩　译

中国建筑工业出版社出版、发行(北京西郊百万庄)
新　华　书　店　经　销
北京嘉泰利德公司制版
北京云浩印刷有限责任公司印刷
*
开本：850×1168毫米　1/16　印张：10　字数：240千字
2007年6月第一版　2007年6月第一次印刷
定价：45.00元
ISBN 978－7－112－08662－7
(15326)

本社网址：http://www.cabp.com.cn
网上书店：http://www.china-building.com.cn

位置和路径一起形成了一个系统。点和线，存在并且关联着。有趣的是系统的构成、位置和路线的数量与分布。也许那是沿着线流动的信息流。换句话说，是一个可以通过形式来描述的复杂系统……可能有人会探寻这些线、路径、位置，以及它们的界线、边缘和形态等等所具备的信息及其分布。但也必须记录伴随着位置间流动的拦截和意外……信息可能会通过，但干扰阻止了它被接收，有时也阻止了它被发送。

——米歇尔·塞尔（Michel Serres）

目录

前　言

影响的点和发展的线

K·迈克尔·海斯（K.Michael Hays）

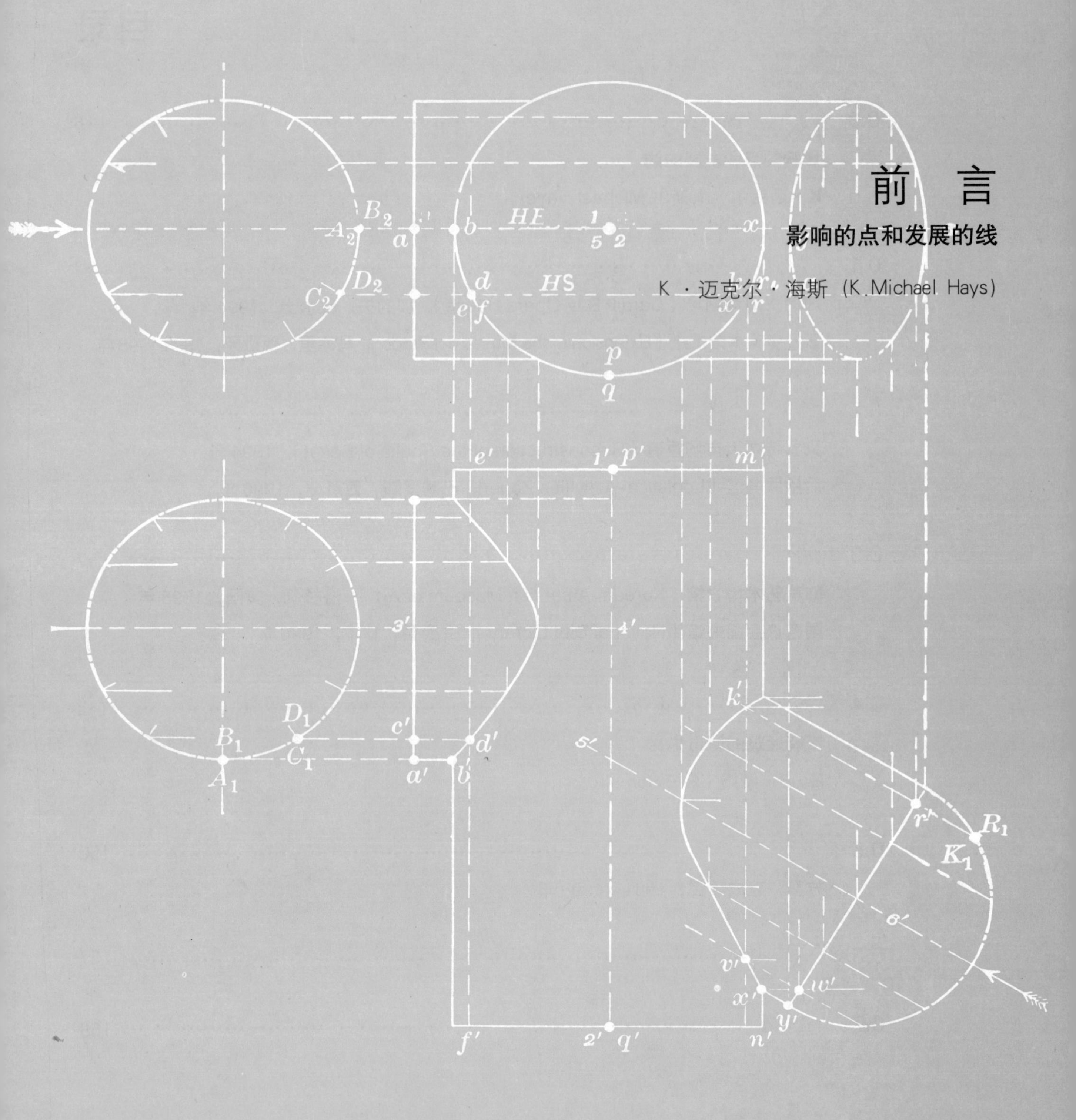

杰夫里·开普尼斯（Jeffrey Kipnis）曾提到，尚未见到斯坦·艾伦（Stan Allen）本人前，按照他的履历判断，他要么应该比看上去老得多，要么就实在令人费解。艾伦的经历不仅包括大量在建筑领域与人和机构的接触——通常这些接触都是要花费很多时间的，还有一些看来并不是沿着一条连续的思想轨迹排列的部分。就读于布朗大学建筑和城市学院、库柏联盟[Cooper Union，师从伯纳德·屈米（Bernard Tschumi）和约翰·海杜克（John Hejduk）]和普林斯顿大学（在1987～1988年，这个学校的重要转型期），就职于戴安娜·阿格瑞斯特（Diana Agrest）和马里奥·甘多索纳斯（Mario Gandelsonas）、拉斐尔·莫尼欧（Rafael Moneo）、理查德·迈耶（Richard Meier）等人手下，任教于哈佛大学和哥伦比亚大学，撰写了约40篇建筑批评和理论文章，在建筑院校和艺术画廊展出他的建筑作品，还为建筑院校和艺术画廊做设计，也许，杰夫里是对的？当然，没有人应该被简化为自己的成长经历，但也多少会受到它的影响。这些复杂甚至是相互矛盾的经历或许有助于我们通过本书呈现的方案和文字，至少是部分理解艾伦所有的工作。

20世纪70年代中期，建筑和城市研究作为蒸馏建筑理论的特殊工具，一个使之沉淀滤清的容器，让戴安娜·阿格瑞斯特和马里奥·甘多索纳斯的符号学研究（semiotic study）、肯尼斯·弗兰姆普敦（Kenneth Frampton）的文化工业分析（culture industry analysis）、安东尼·维德勒（Anthony Vidler）福柯式的（Foucauldian）19世纪历史性和类型性研究，还有彼得·埃森曼（Peter Eisenman）的形式研究等，在这个容器中围绕着对现代主义的批判和新的对建筑含义的关注混合、搅拌着。同时，这些通过学院也影响着罗莎琳德·克劳斯（Rosalind Krauss）对极少主义的再造、曼弗雷多·塔夫里（Manfredo Tafuri）的否定观点和美国人最初对阿尔多·罗西（Aldo Rossi）的粗略了解。在不同的角度和不同的程度上，所有这些理论在艾伦的作品中都得到了体现，更确切地说，它们也无一例外地在使用时被艾伦改造了。它们之间的调和，需要关于形式意义的问题在符号上和物质上都让位于形式组织的效果和执行的问题；需要否定的策略让位于利用功能和概念中有效部分的论断；需要类型学分析让位于图像表达。上述这些要求中后者所组成的集合，已经有了一个粗略的轮廓，即艾伦所说的“场所环境”。

20世纪80年代的库柏联盟有意让建筑从最初体力和脑力劳动分离的“原罪”中获得力量。拒绝分离，

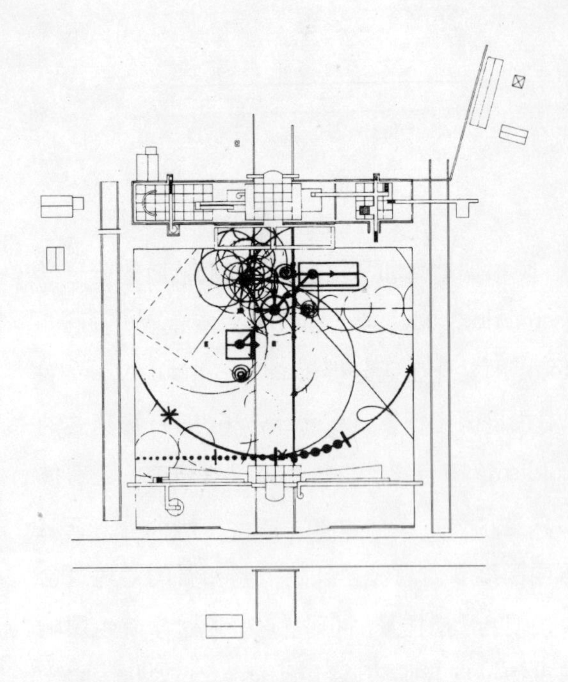

"生产的剧场"，库柏联盟论文，1981 年

并伪装出一个整体（这样的整体只能是伪装的），其实是一种衰退而不是解决问题之道。同时尽管从整体上看，包括传统上对"原罪"的忏悔和最初将建筑师的视野束缚在现实中的企图，解开了它纠缠的线索，其精确度仍然像所有使用过度的仪器一样，渐渐降低了。在库柏联盟，重建建筑的现实样板的过程，舍弃了赞成其他多种符号和图像系统的观点。伯纳德·屈米关于表演艺术的第一手知识和他对于事件空间的兴趣——一种涉及乔治·巴塔耶（Georges Bataille）的内部体验（expérience intérieure）和情景主义者事件理论（événements）的体验空间的方式，在海杜克的库柏联盟和海杜克自己对民俗、狂欢和假面剧等传统活动的兴趣中得到了支持。同时，建筑绘图开始被看作一种精心的编排——一种可以描述恰当的城市心理地理学（psychogeography）的图像体系。艾伦在库柏联盟的毕业论文中综合了上述这些因素[相当有趣的是，那是1981 年，即屈米出版《曼哈顿记录》（*Manhattan Transcripts*）的同一年]。论文的题目是"生产的剧场"（The Theater of Production），强调了对行为、效果二者的过程和场景的关注。

可以断言，当今建筑界最重要的议题之一，就是效果的产生，即建筑形式中体验内容和表达内容的排列和分布。它的范畴包括了从精心推敲的建筑细部到复杂的大尺度几何体系，前者意在唤起建成实体中隐藏的、矛盾的和边缘化的美学效果，而后者则促进了有计划活动中有所差异的形式和结构。不同于更为"强势"但也更狭隘的模式，如功能主义或形式主义，效果的产生这一概念在建筑学中是经常与"次要"和"边缘"之类的事情联系在一起的，其后果是，在一些圈子里，对于效果的分析可以得到所有，但还无法取代传统观念对形式的认同。

艾伦最近的工作仍是在伴随着对建筑效果的关注，但他对于形式的态度变得更为独特。他声称，"形式很重要，不过它能做什么比它看起来像什么更重要"，或者说，"形式很重要，但是事物之间的形式比事物本身的形式更重要。"我把这种观点看作一个逻辑推理的过程，从对生产状况的普遍认识发展到一种

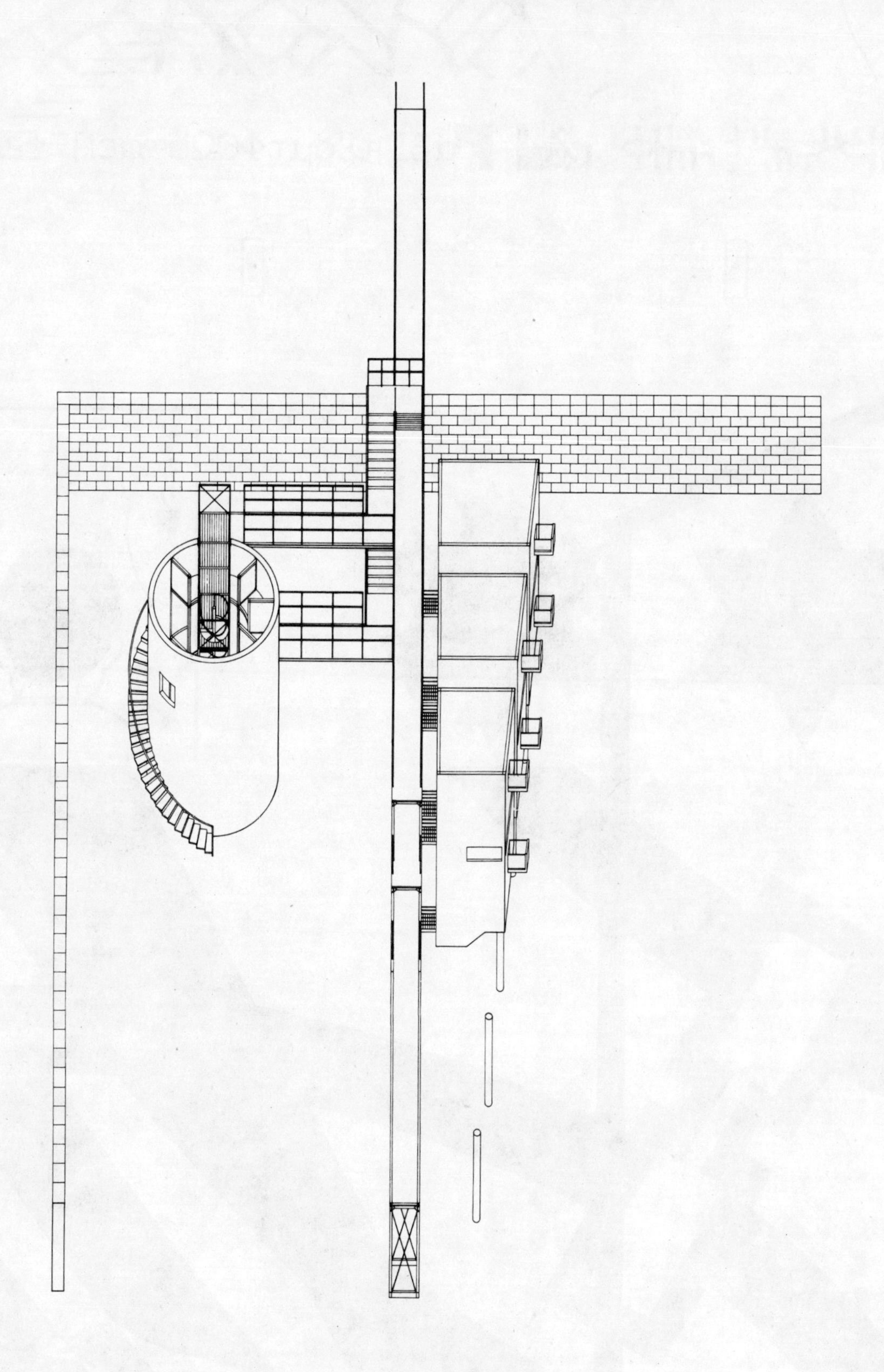

“生产的剧场”，艺术家住宅轴测图

なこり雪か

建成物体和其提供并支持的功能之间的特别而重要的空间：事物之间的形式构成了一个行为的地点，一个优势立足的舞台，效果从这里产生。功能和形式都没有被抛弃。更准确地说，形式被重新定义为一种导致某些结果、某些活动和栖息的可能性的条件。形式促成了表演和回应，它是一种唤起而非固定的构架，描摹那些只在某一时刻可能发生的事物。

如果说符号学和否定观点的起源可以追溯到20世纪70年代对现代主义审美趣味的改变，那么像符号学的二元逻辑和对现代主义美学的否定这些观点，则仍然混杂在新近的理论之中，要求更为猛烈的增长和动荡力量。在大多数受到德里达影响的建筑理念中（我不想称之为解构主义），对现代主义先锋派的否定仍然存在，但已经被重组为一种有着自身头衔的特殊符号系统，"批判地"，甚至是"极端地"，对抗（oppose，还记得这些词在20世纪80年代被用得多频繁吗？）其所在的环境背景。新建筑的鲜活气息仍在试图承担现代主义唤醒感知的基本功能。它替代了现代主义的社会审美（Socioaesthetic）和多产化的综合特征，这一符号应用，借助的和与之对立的符号应用的是相同的建造生产和传播技术。

早在1986年，艾伦就已经通过保罗·维里利奥（Paul Virilio）及米歇尔·富科（Michel Foucault）等人认识到，面对电子通信、空中旅行、全球化金融市场之类环境，认为传统建筑符号仍然可以控制大规模交流和接收的想法是天真而傲慢的。与麦克·海克

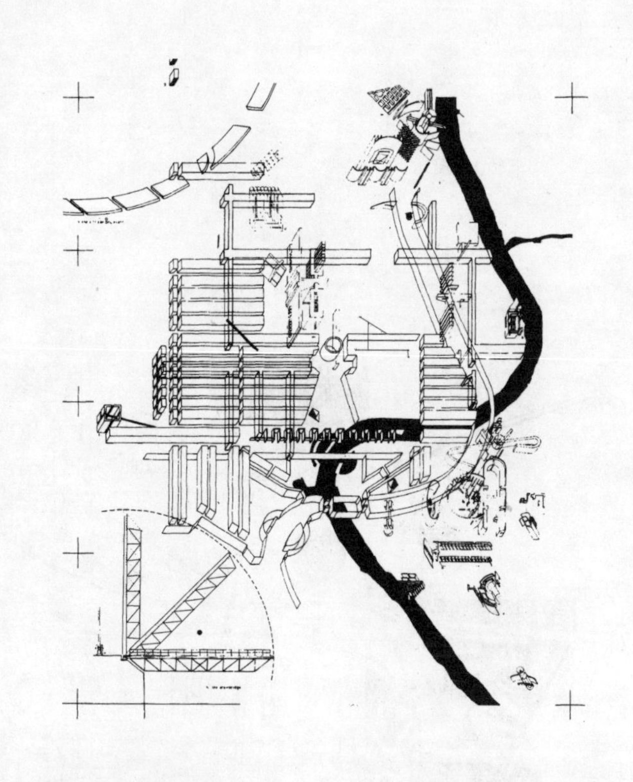

上页图："评价城市"，伦敦计划(The London Project)，与麦克·海克合作，1986年

上图：皮拉内西的战神广场：试验设计，1986～1989年，基地轴测图

（Marc Hacker）合作的《评价城市》（*Scoring the City*），不像是提出解决的办法，而像一份经过扩展的用于理解这一环境的图示，把一些同时存在而又不具可比性的文化、时间、空间等信息的表现并置在一起，其中包括时区、航空图、广告、股市图片和地下运输示意图，其目的在于，记录这些在认识全球代表性的地域建筑的过程中将会遇到的复杂现象。1989年，艾伦发表了更具实践性的，从皮拉内西（Piranesi）所作的战

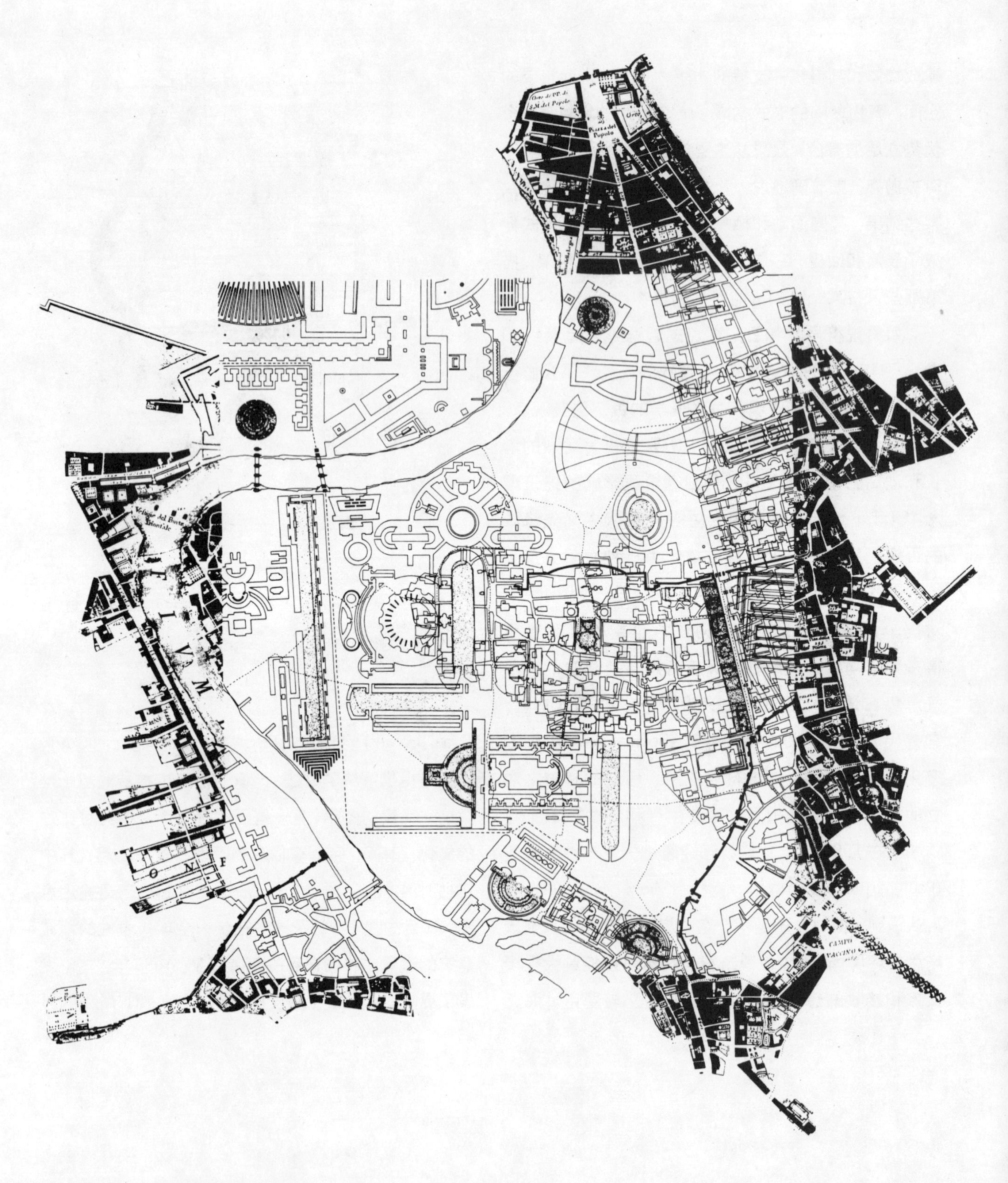

上页图：皮拉内西的战神广场：试验设计，1986～1989年，设计拼贴

上图：艾米·利普顿画廊（Amy Lipton Gallery），纽约，1989～1991年，局部细节

神广场（Campo Marzio）中引申出来的作品，名为"挖掘——通过皮拉内西的'反乌托邦'中的画和文字"。他运用曼·雷（Man Ray）的《尘埃培养》（*Dust Breeding*）重新诠释了皮拉内西笔下的罗马，而前者又是对杜尚（Duchamp）的《大玻璃》（*Large Glass*）的再现，它把《大玻璃》变成了一个短暂的景象。他将这些置于所谓的后拼贴场所环境中，那是一种有高度可控性的具体机制（dispositif），它经过对原有领域的瓦解，重建了不重要的（asignifying）和非代表性的边界、构架和形体，以便延续和加强规划的可能性和真相的可能性。

艾伦的第一个建成作品，看起来是试图从符号和框架这一套中分离出来，表明什么将要在极少主义中盛行。当然，即使是不经意的一瞥，也能看出他1990年前后在曼哈顿做的小画廊是极少主义的。但是当时艾伦在这两个设计完成后所作的一番阐述，则阻止并改变了我们把这些画廊简单地作为极少主义美学趣味的倾向："设计中极少的语言……不应该被误解。它要表达的，不是未经调和的存在，也不是对象的'特殊性'[按照唐纳德·贾德（Donald Judd）的方式]。对于极少主义语言，我感兴趣的不是它的物质性，而是非物质性；不是它形态的清晰，而是分解；不是它显示了什么，而是它隐藏了什么；不是它的自我满足，而是它的不足。"除了他早期对于建筑基础建设层面的符号研究，艾伦用以结合和协调这些项目的，不是极少主义客观的物质性，而是选为迈克尔·弗里德（Michael Fried）所贬低的极少主义的字面主义和无可救药的做作（回想一下"生产的剧场"），弗里德认为其"关注的就是观察者接触字面式（literalist）作品时的真实情况……对字面艺术的体验就如同在某一特定情况下对对象的体验。"[1] 20世纪50年代初，托尼·史密斯（Tony Smith）经常在深夜和一些学生一起驾车游荡在新泽西未通车的收费公路上（艾伦也经常提起这件事），弗里德根据这个故事，强调了极少主义是如何被自身强调的平凡和低下所误导的。史密斯说：

那是黑漆漆的晚上，没有灯，也看不见路肩、线、

埃布尔住宅（Able House）（方案），1991～1992年，构筑模型

铁道或是其他任何东西，只有昏暗的路面在单调的环境中延伸着，远山是它的尽头，时而会有草堆、尖塔、浓烟和彩灯跳出来打破沉闷……看起来，在这个现实的世界里，根本没有什么艺术可言。

公路的体验是一种可以描绘出来，但是没法得到社会理解的东西。我自己觉得，那很明显就是艺术的终点。经历了这些，很多画看起来都像是漂亮的招贴画。你没法把它表达清楚，你只能去体验它。[2]

艾伦把弗里德对极少主义评价的作用从负面的转为正面的。他从极少主义中汲取的，是其对形式自主能力的破坏（"你只能去体验它"），是它和环境、表现、符号的关系（"公路的体验是一种可以描绘出来的东西"，不时被基础设施、照明、运动、身体所打断）；它正在酝酿之中，尚未宣示，甚至尚未形成，然而又是空间化的、影响未来的，而且必然是社会化的（"可以绘制出来，但是没法得到社会理解"）。尽管当史密斯发现"你没法把它表达清楚"时，就已经确定了极少主义的体验，并将其体制化了。艾伦还是坚持认为它的不确定、它的疑惑，产生了它自身的框架，或者说得好听些，产生了一个场所环境。传统的建筑组成，甚至是"分解"（decompositions，如埃森曼曾做的试验），至多只是在一个没完没了的解体和重建的过程中，通过推翻建筑成立的假定条件，让建筑疏离它的本质。面临一个历史性的迫切时刻时，它们不能同时既作为建筑，又超越建筑的用途。然而，场所环境却可以通过其转喻式的发散功能做到这一点，形成这一功能的是各种同时发生的影响和有计划的界面，它们经常是相互冲突的，也总是具有不同的规律和关系。

美国城市本身就是场所环境最好的例证：一个巨大的没有界限的平面，其边界是根据特定的地理或是地形要求而确定的（被河流、山脉，或是法定的分界线分隔），又可以通过多种形式被重新划分（如格网、拼接、镶嵌等等），有些在地面上有所标志，而更多是在那薄薄的、可建设的表皮以下，它们不易被察觉，但仍起着控制作用——那就是基础设施的点和线，决定其位置和关系的是一种符号语言，而这种符号语言本身在传统上是经由多种可以决定其位置的因素所理解和转换的。表面上的活动类型和强度，不但受到地域的划分影响，还会受到类似于变阻器的因素制约，它位于表面之下，又能感知到它所控制的表面上发生的变化（这儿要多来点电缆，那边再来根管道）。在表皮上活动的机体，就像盘子里的金属锉屑那样多，并组成各种模式（群聚、蜂拥、邻近），这些模式也受到组群联系，还有特定认知、实践方式的制约，后者意在对可促成表现性活动的样板的协调。

按照这种方式理解，艾伦的场所环境也可以用于定义与聚集形成的现代城市文化所不同的环境，包括边缘城市、郊区化、"西海岸城市主义"，亚洲的"厚维度"城市以及其他等，它是对目前可能还没有被描述，也还没有得到管理的后城市生活的记录。斯坦·艾伦的工作所昭示的，就是在这种环境下实用的建筑建造。在那之后，大多数的建筑看起来就像漂亮的招贴画了。

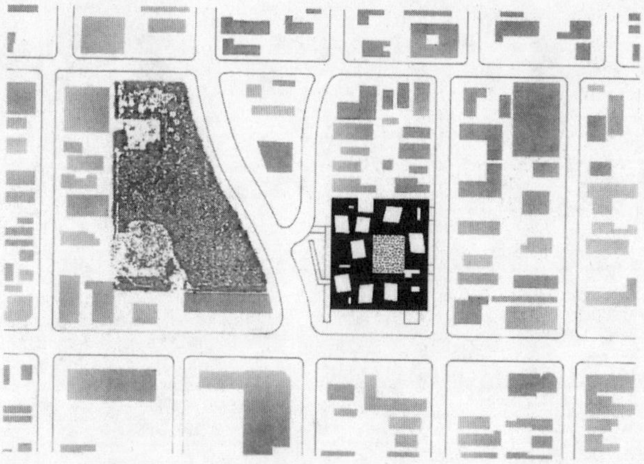

韩美艺术博物馆，1995年。总平面图

注释

1. 迈克尔·弗里德，艺术与客体性（*Art and Objecthood*），芝加哥，芝加哥大学出版社，1998年，第153页。
2. 托尼·史密斯，引自上文，第157～158页。

文脉策略

"蒙太奇（montage）是一切的决定……通过连续、切断、虚假的连续。"

——吉尔·德勒兹(Gilles Deleuze)

项目

加的夫海湾剧场（Cardiff Bay Opera House），加的夫，威尔士，1994年

普拉多美术馆扩建（Extension of the Museo del Prado），马德里，西班牙，1995/1998年

斯坦·艾伦建筑师事务所，艾米·利普顿画廊（Amy Lipton Gallery），纽约，美国，1989～1991年

吉加·维尔托夫,《带摄像机的人》(Man with a Movie Camera),1928年,剧照

路易斯·布鲁埃尔和萨尔瓦多·达利,《一条叫安达鲁的狗》,1929年,剧照

“但是什么赋予了蒙太奇个性，并让它成为一个组成单位或是电影的构架？是碰撞——两个互相对立片断的冲突。”

——瑟尔吉·爱森斯坦(Sergei Eisenstein),1929年

01 蒙太奇实践：大都会

早期现代主义的拼贴和蒙太奇(即剪接)方法,需要截然不同的规则碰撞出的力量和差异的裂痕产生的张力。"差异"被设入强有力的对峙元素中。象征主义诗人伊齐多尔·杜卡斯[Isidore Ducasse,即洛特雷阿蒙(comte de Lautréamont)]预见到了现代主义者对冲突的迷恋,他谈到过"解剖台上的缝纫机和雨伞"的交叠产生的恐怖的美。而前苏联电影人吉加·维尔托夫(Dziga Vertov)的蒙太奇则属于另一种更为政治化的倾向。突然的和不可预期的元素对峙,打乱了观众感观上的习惯。电影的仿真技巧被顷刻瓦解,暴露出它的内部结构设置。拍电影看来和其他的事情没什么不同:重复着捻线、修剪的纺线动作,和纺羊毛、印花,以及其他的制造过程之类的图像交替出现。停止运动就如同凝滞了时间的流动,提醒观众他的主观意识也不自觉的参与了电影模仿真实的构筑中。

路易斯·布鲁埃尔(Luis Buñuel)和萨尔瓦多·达利(Salvador Dail)于1929年拍摄的电影《一条叫安达鲁的狗》(Un Chien Andalou)所表现出来的荒谬则和维尔托夫的政治、技术乐观主义形成了对比。在这

部电影中，现代大都会生活的激烈浮出了水面，体现了对保持惊人效果的持续增长着的渴求，而对进步的救世主般的现代主义丧失了信心。超现实主义(Surrealism)从内部侵蚀了现代主义，指出现代主义整个的符合公共卫生而又要求一览无余的设想，试图将整个世界重建于新技术的基础之上，已经包含了可以导致毁灭性差错的隐患。

相比这些试验电影，建筑与标准化的经济、技术现实等约束条件的联系显然更为紧密，自然也没有前卫派的思想那么敏锐。但在密斯20世纪20年代关于城市建筑的建议中，类似的追求分裂效果的审美倾向就已经很明显了。他在1928年做的重建柏林亚历山大广场（Alexanderplatz）的方案，使用了一系列的几何形圆柱实体，对应复杂的不同类型混合的19世纪末城市立面。这些构筑物打着新的大都会的烙印。作为物质实体，它们体现了新技术的逻辑，也改变了主观经验。当然它们也是带着远离尘嚣、遗世独立的神情，像是在做着批评，指向别处。方案采用照片拼接的方式表现却绝非偶然。通过这一恰当的表达方式，密斯把现代大城市生活的间隙、裂缝和错乱表现得一清二楚。[1] 但是它无关紧要，在密斯的拼贴设计中，错乱并不存在于建筑自身中，而是存在于建筑和环境之间。他在一系列本质上是非常规律，甚至是几何纯粹体的物体和新旧交织的混合的城市肌理之间，建立了复杂而不连续的关系。在20世纪初期的大都市中，现代技术还没有产生全面的影响，这使得传统和现代已经能够共存，而形成一种分裂的毗邻状态。这就是密斯在他的设计中加以彰显的时代背景。

密斯·凡·德·罗，亚历山大广场，柏林，1928年，照片剪贴

02 大都会之后

后现代主义各种各样的定义，都始终关注着差异的丧失：现代主义产生震惊的能力，已让位于平均化的作用，抽象价值成为主导，缺乏深度，这些被让－弗朗索瓦·利奥塔尔（Jean-Francois Lyotard）称之为"懈怠"(slackening)，而弗雷德里克·詹姆逊（Fredric Jameson）则认为是"情感衰退"(waning of affect)[2]。这无疑是新的数字技术将具体物体重组为抽象信息的部分结果。曾经代表着新主观性激进模式的"分散"，变成了空洞的时间。瑟尔吉·爱森斯坦具有爆炸性效果的不连续，已蜕变为吉尔·德勒兹所说的"虚假的连续"。

办公建筑，麦查帕克（Metropark），新泽西州

新的城市化浪潮中的城市外围——有时被称作"边缘城市"[3]——改变的实质并不像它的背景显示的那样。在美国战后大规模的郊区化运动中，州际公路设施的建设、对住宅和社区的新需求，都使得城市面密度的降低，并且冲淡了其复杂的混合状态。麦克·海克认为，这种郊区化的潮流主要出于冷战时对核战的恐惧。[4] 大都会，曾经是城市高密度最标准的所在，与其他地点相比具有明显的优势，而今已淡出视野，让位于巨大的城市带，后者由物质的和可见的网络连接在一起。

东京街头夜景

詹姆逊所说的缺乏"深度"或是利奥塔尔的"懈怠"，都能够在当代城市的生活体验中找到非常真实的对应。如今的城市就好像是一个空气中充满非物质信号而又不能言传的场所。这些信号之间的不同不在于实体，而在于意义。对于视觉方面，"情感衰退"就是地域特色的消退和由此导致的场所感的丧失。甚至有含义的社会和政治差异也在消失。按照文化圈的见解，这导致了先锋派失去了作为"他者"的化身去评判这些差异的特殊能力。边缘也被卷入了主流，希望置身事外的立场也因为新技术平均化的作用而变得不太可能。由于我们正经历着生产技术主导的经济到再生产技术主导的经济的转变，"事物"之间的不同已经没有"影像"之间的相似更引人注目了。在后现代模拟的世界中，任何事物都可以和任何事物相结合，而不会产生一丁点诧异。

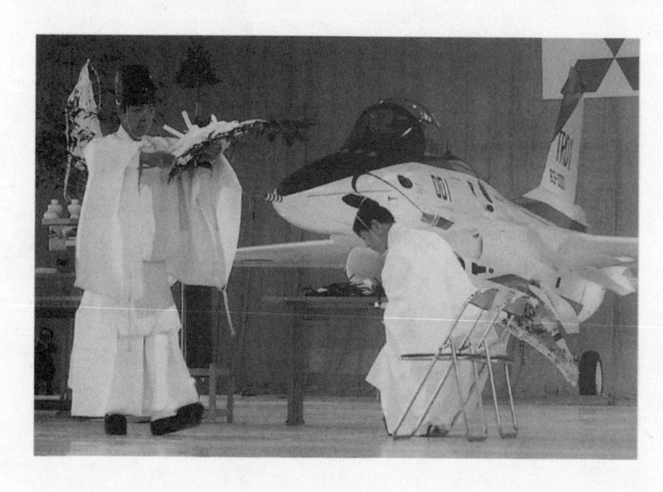

日本神道（Shinto）教士为战斗机祝圣

数字技术便于对来自不同资源的影像进行天衣无缝的结合。数字媒体的本质进一步抹平了原先由拼贴和剪接等作法所强调的差异。正如维维安·索布哈克（Vivian Sobchack）所说："数字电子技术粉碎并抽象系统化了照片和电影的相似性质，使之成为各自独立的像素和比特组成的信息，它们的传送是连续的，但每一个比特都是不完整的、不连续的、独立的，即使在同一个系统中，比特也只'存在于自身中'（being in itself）。"[5] 非物质编码领域已经开始替代对象的物质轨迹了。媒体理论家弗雷德里克·基特勒（Friedrich Kittler）曾指出，随着数字技术的出现，声音、影像、文字都已经转化为数字代码，媒体之间的区别也因此消失了（并出现了"多媒体"的概念）。他说："综合的信息和频道数字化消除了单个媒体间的差异。声音和影像，话语和文字，仅仅只是表面的现象，更准确地说，是与消费者接触的界面。"[6] 等级被发散掉了；"价值"也被抹平。数字代码间的不同，好像就只是编码系统中不同位置的占据者。

建筑师中间出现了一些看上去相反的立场，一部分断言建筑的魅力会随着迅猛发展的技术而减色。在分散的趋势下，媒体和技术的威胁导致建筑的衰退。这使得一些建筑师变本加厉地坚持和强调建筑的物质特色。另一部分人则顺应技术的迅速发展，把建筑重新定义为媒体、影像般的事物。与前者不同，建筑师正试图重新发掘建筑传统的表意作用，通过断裂和错位的建筑来重现（形式上和寓意上）错乱的环境，这正隐喻着交流中令人迷眩的愉悦。在这两种情况中，建筑都被当作与媒体不同的东西，其物质实在正相对于媒体和数字技术的视觉效果。

建筑从本质上就能够通过物质表现出精神的价值。如果仅仅简单将建筑当作意识形态的对立面，那就容易把它边缘化。将意识的东西具体化是建筑最基本也最传统的作用之一。从弗朗西斯科·波罗米尼（Francesco Borromini）和瓜里诺·瓜里尼（Guarino Guarini）的作品对光和空间的处理、密斯对构造的微妙控制，再到汉斯·夏隆（Hans Scharoun）对高大空间的细致经营，始终都有一个相应的意识背景赋予建筑表现鲜明的个性。计划、信息和用途之间关系的变化，进一步拓展了建筑对城市中无形潜流的运用。现实和意识的复杂关系已经成为建筑的标志。只有富于创见地重新审视建筑师在城市经济变迁中的角色，才能使得建筑制定出重新掌握世界的方法。

03 策略方法：五点建议

下面将要介绍的例子记述了一种转变，是从后现代片断化的设计（其特征是对分裂的爱好和相关的批判论述）到具有连续性和连通性、轻盈和感情的建筑。这些设计从详细研究项目和基地的特征开始，逐渐朝着界定新的城市环境的方向发展。在每个项目中，界限宽松的围护因素和环境保证了较高的密度、交流度和复杂程度。这不仅是风格的变化，而会是一个有着流畅的功能，又不一定需要有流动的外表的建筑。

1．密集布局

流行的语言学感知模型和相应的对视觉的强调，都把建筑视为一种推论性的体验。实际上，空间的体验先于和超出了推论性体验。建筑单体既是使用者也是观察者，既是参与者也是阅读者。在实践中，这意味着密集的布局，也意味着在空间融合和形式间兼具灵活和严谨的关系，一种松散的适应存在于事物和构筑之间。

2．分散（松弛）

既然了解到对分散状态的揭露、否定和疏远都是无效的，我认为更好的办法是，对于由主流文化造成的分散中适合的方法进行改造或转变。我们不能为了恢复真实体验的某些理想，就简单地批判分散的状态。我们需要的是促进的策略，而不是搁置的办法。如今激进的姿态并不是揭露或抵制幻象，而是要利用虚幻，来对应所有的期望，以获取真实。将伪装、模仿、计谋、诡计、欺骗、鬼鬼祟祟等等。“没有离开原本受到困扰的环境，就可以运用狡猾、顽固的方法来逃避限制并加入到建筑的手法中来，以改变城市空间中支配规则”。[7]

3．基地融合

这一方式意味着在城市领域通过融合，而不是对抗、对峙和断裂（建筑是演化的，而不是设计的）的方法，来解决基地环境问题。注重文脉的策略将束缚视为机遇，脱离了具有侵略性的现代主义规范和美学。这种合作而不对抗基地的设计方式，通过记述现状的复杂情况，产生了新的成果。

4．场所环境

形式很重要，但是事物之间的形式比事物本身的形式更重要。

5．后拼贴

拼贴和剪接需要截然不同的规则碰撞出的力量和差异的裂痕产生的张力。从前稳固的观念被打碎。但是当代瞬息万变的观念已经既能够顺应，又能够对抗现存的空间规则。差异的分裂演绎已经失去了震撼的力量。交流的流动模式、有分歧的统一和飘忽不定的强度等，在逐渐增多的分裂中取代了用以弥合差异的批判模式。

注释

1. K·迈克尔·海斯的《现代主义和后人文主义》（马萨诸塞，剑桥，麻省理工学院出版社，1993年）以及戴特勒夫·默廷斯等人的合集《密斯的成就》（纽约，普林斯顿建筑出版社，1994年）。
2. 让－弗朗索瓦·利奥塔尔（Jean-Francois Lyotard）在《后现代环境》（明尼苏达大学出版社，明尼阿波利斯，1986年）中的《问题的答案：什么是后现代主义》；弗雷德里克·詹姆逊（Fredric Jameson）的《后现代主义以及后资本主义文化逻辑》（新左派观察），第146期，1984年，第53～92页。
3. 部分见乔尔·加里奥（Joel Garreau）的《边缘城市：新边界上的生活》（纽约，Doubleday出版社，1991年）。
4. 麦克·海克（Marc Hacker），变化世界的注释，Perspecta，第21期，1983年。
5. 维维安·索布哈克（Vivian Sobchak），屏幕场景：面对电影化、电子化存在的现象学，后笔记（*Post-Script*），第10期，1990年，第56页。
6. 弗雷德里克·基特勒（Friedrich Kittler），留声机、电影和打字机，文学、媒体、信息系统，纽约，NJ：G+B国际艺术，1997年，第31～32页。
7. 米歇尔·德·塞尔托（Michel de Certeau）：日常生活体验，伯克利，加利福尼亚大学出版社，1986年，第96页。

加的夫海湾剧场，加的夫，威尔士

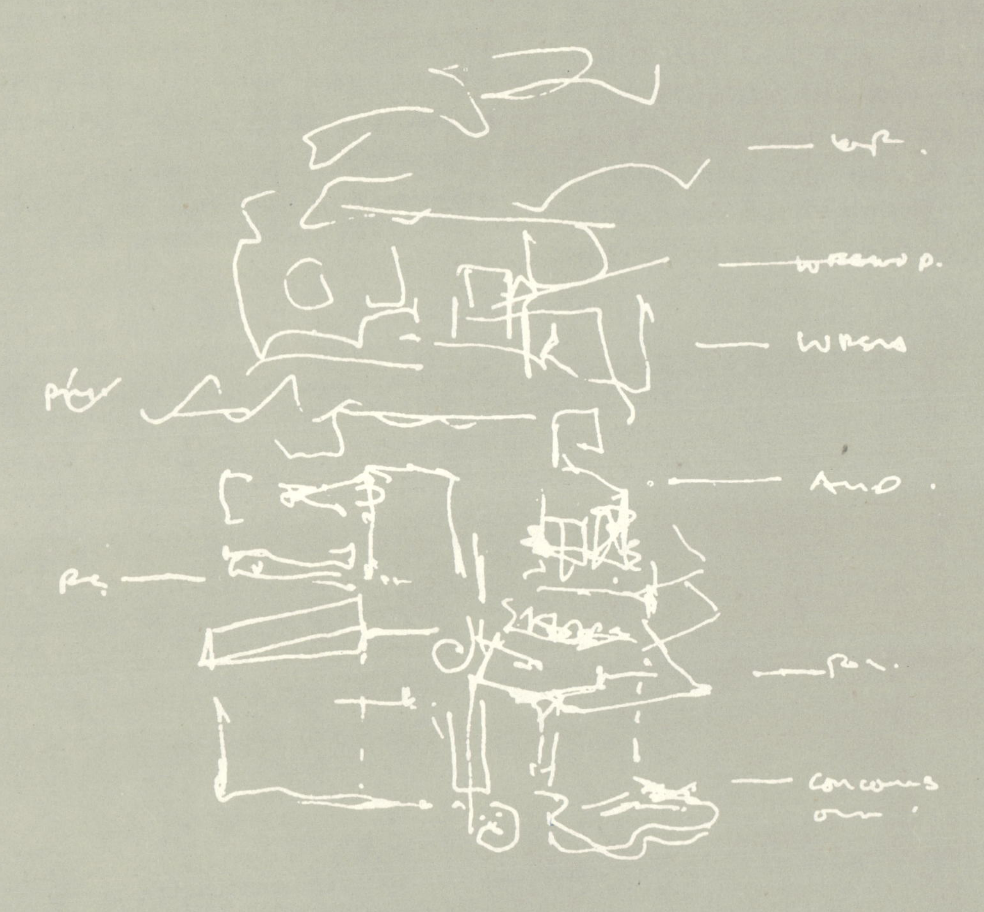

竞赛，1994 年

建筑师：斯坦・艾伦

协　助：杰克・菲利普斯（Jack Phillips）、凯瑟琳・凯姆（Katherine Kim）

要设计一个现代的公共观赏空间，就必须去重新发掘传统剧院的表现方法。我们希望新的建筑能够向城市回馈充分的公共空间，这样一方面可以保证看戏成为现代城市生活的完整部分，另一方面也可以使建筑像原有的造船厂和码头那样，融入地段的历史之中。在建筑的布局和组织中，我们对于辅助空间，包括工艺用房（如工艺制作、排演厅）和管理用房，都给予了同样的重视。这样建筑就能同时体现展示和消费这两种功能。

加的夫市景

建筑组织

一个形象明确的观众厅清晰地界定了建筑的层次关系，并且成为加的夫海岸的视觉焦点。一层高的L形步行通道，俯看着城市椭圆形水湾（Oval Basin），通过连续的公共交通空间，把剧场与规划中的林荫大道和周边的城市环境结合起来。首层的入口大厅将观众直接从皮尔海德街（Pierhead Street）和椭圆形水湾直接引入剧场。二层的工艺用房、办公室、排练厅等空间围绕观众厅布置，形成了一个贯穿整个建筑的工作空间网。

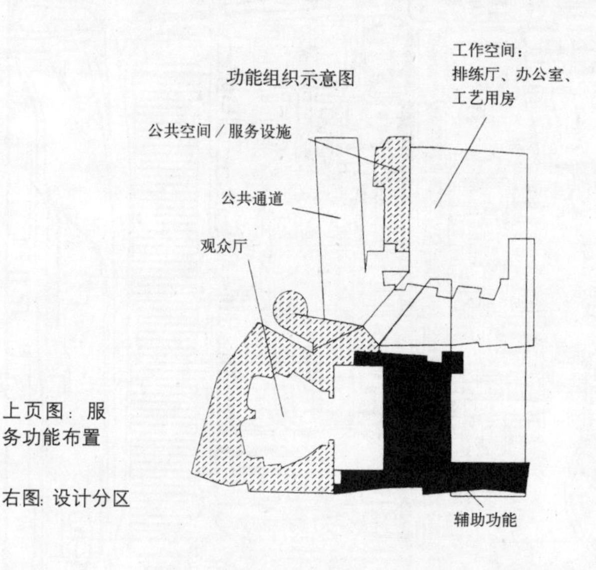

上页图：服务功能布置

右图：设计分区

除了通往公共餐厅和休息厅的步行通道，首层的入口大厅正对着椭圆形水湾和皮尔海德街，同时还紧邻停车区域。曲折的玻璃幕墙为大厅带来了活泼生动的效果，即使不进入剧场，这里也能够为市民提供一个独立的舒适宜人的公共空间。而在其上各层，则在建筑的玻璃表皮和具有雕塑感的观众厅实体之间实现了平衡，成为一个引人注目的海边胜景。

建筑的体量容易让人联想成停靠在码头的一艘船。它庞杂的外观并非出于炫耀或是象征的考虑，而更多是为了表达出项目本身的复杂状况。剧场、舞台、飞行设备和排演舞台之间的功能关系都能够通过建筑的外形得到清晰的表现。而与之尺度不同的工艺用房和管理用房则在附加的建筑侧翼中获得了明确的形体。公共空间分别体现了相应的城市功能，而且在一天的24小时内都能够充满活力。

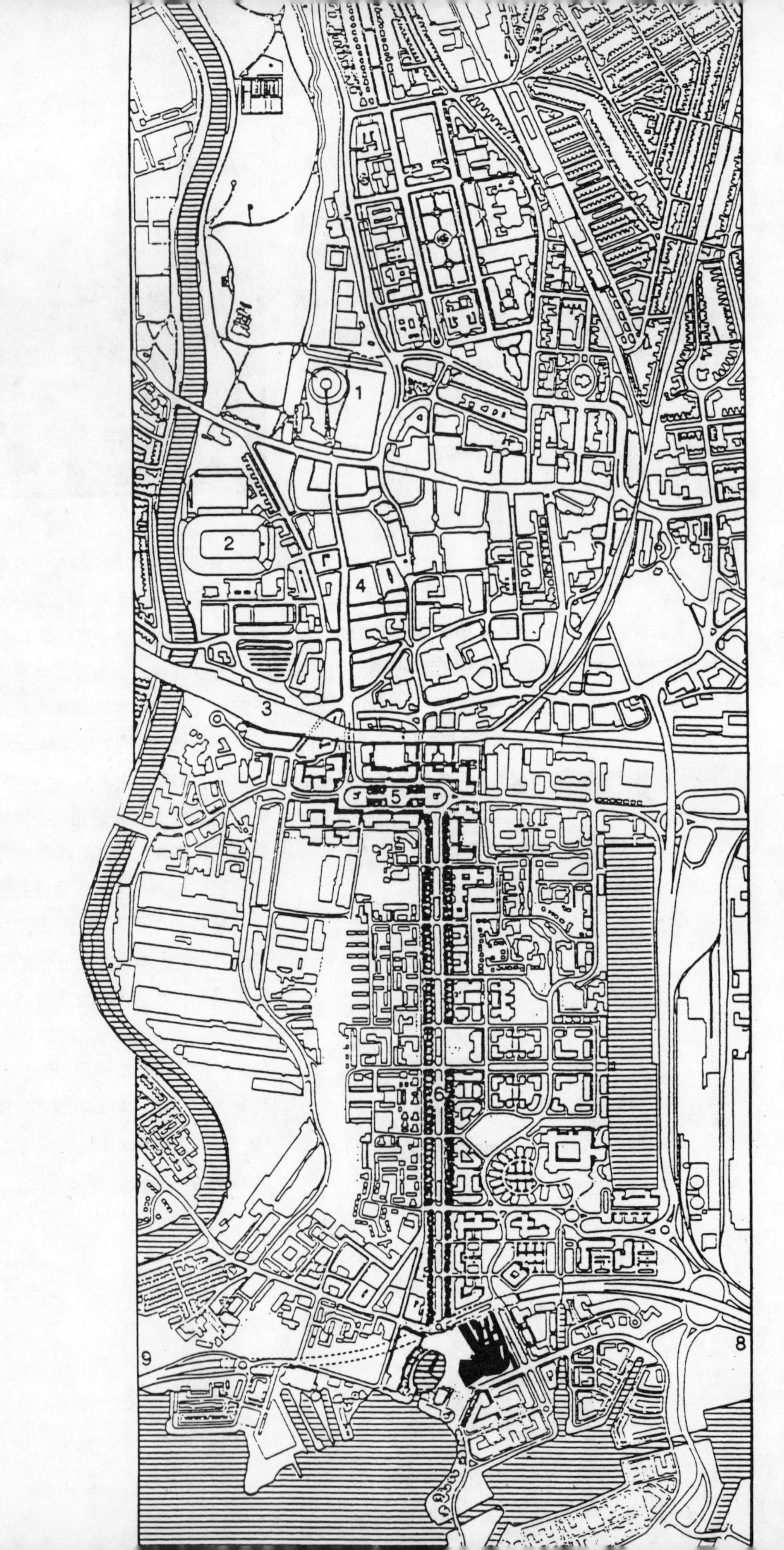

右图：城市文脉

下页图：基地轴测图

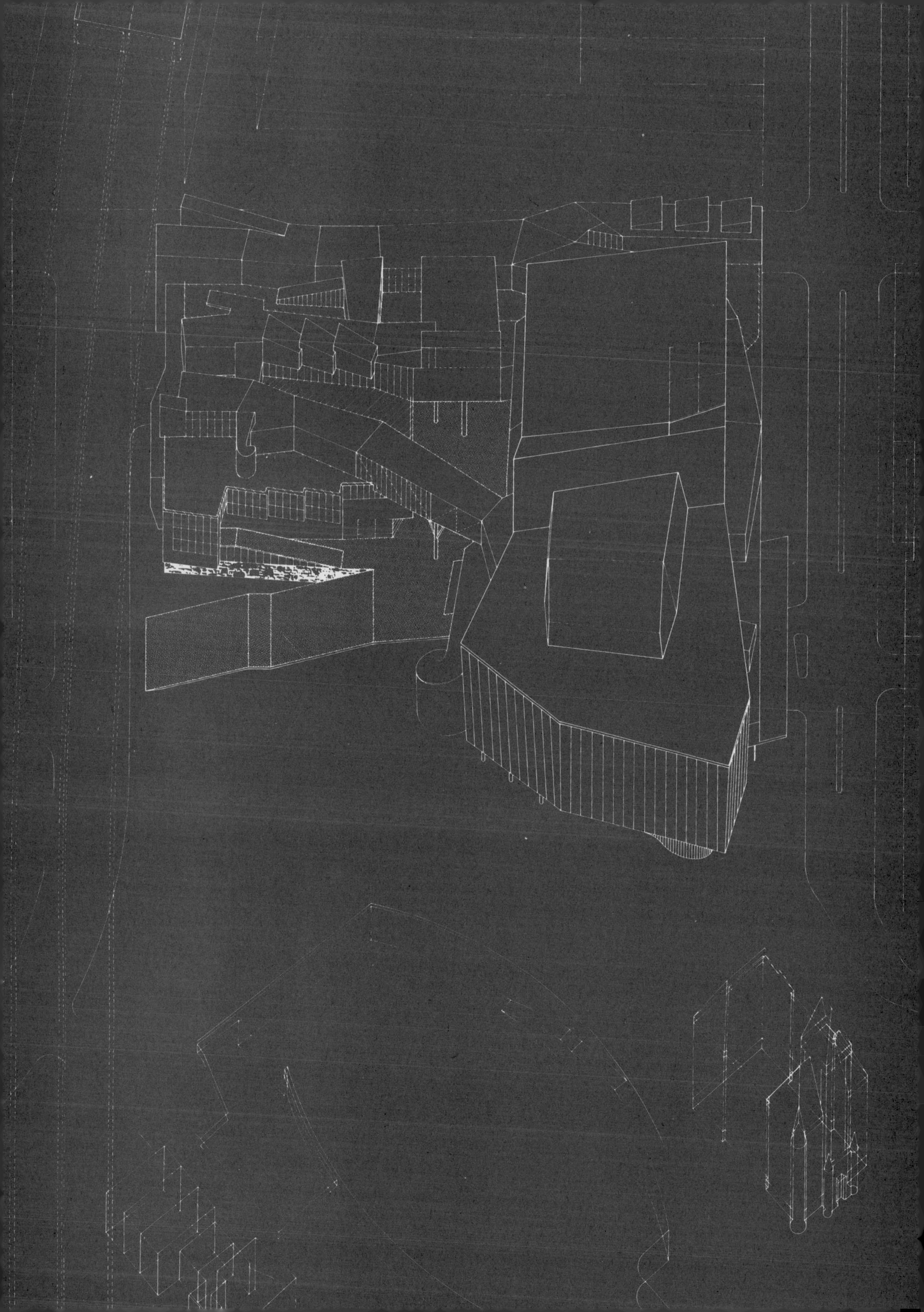

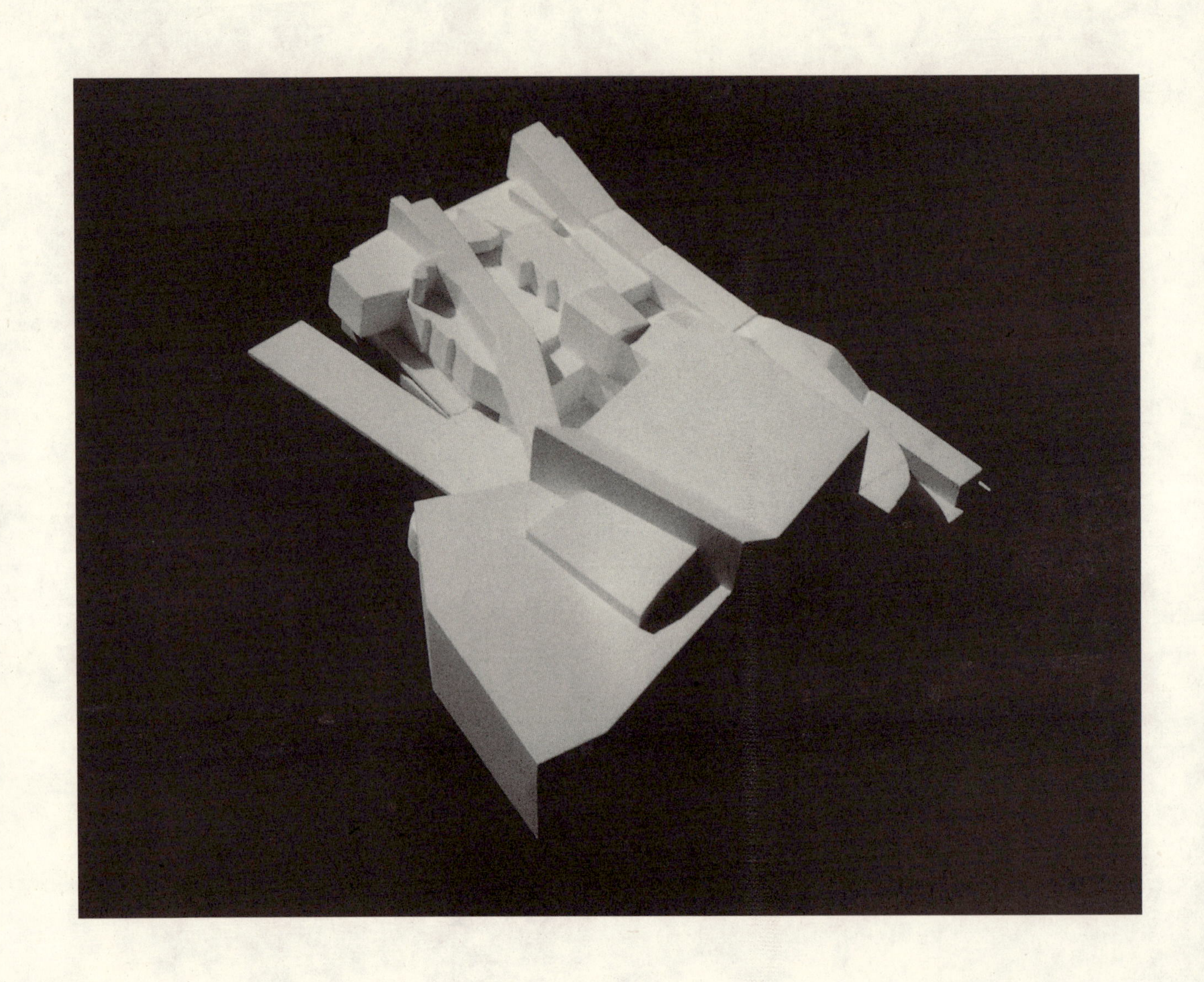

上图：草图模型
下页图：总图

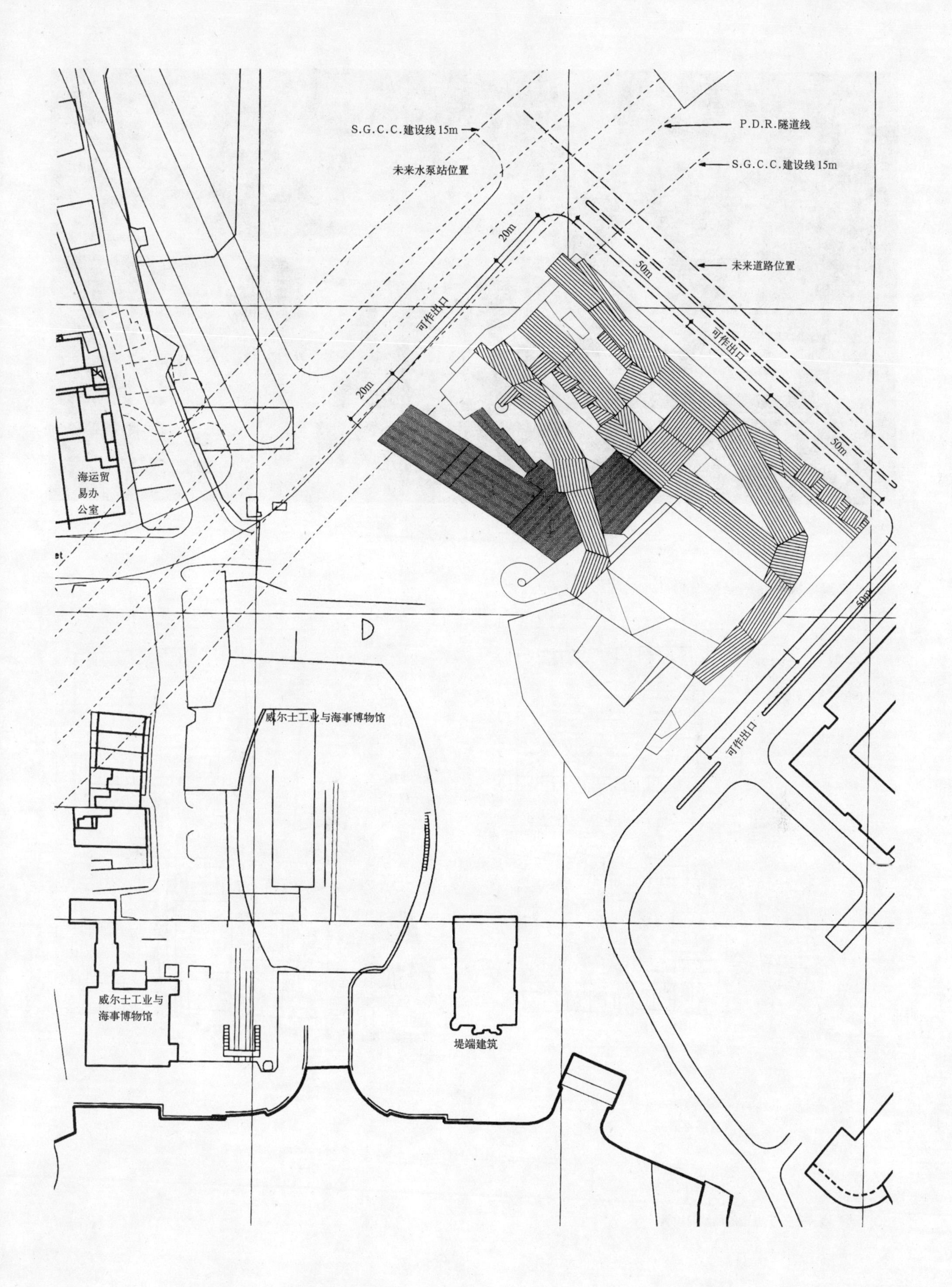
S.G.C.C.建设线15m
P.D.R.隧道线
S.G.C.C.建设线15m
未来水泵站位置
20m
50m
未来道路位置
可作出口
可作出口
20m
50m
海运贸
易办
公室
50m
威尔士工业与海事博物馆
可作出口
威尔士工业与
海事博物馆
堤端建筑

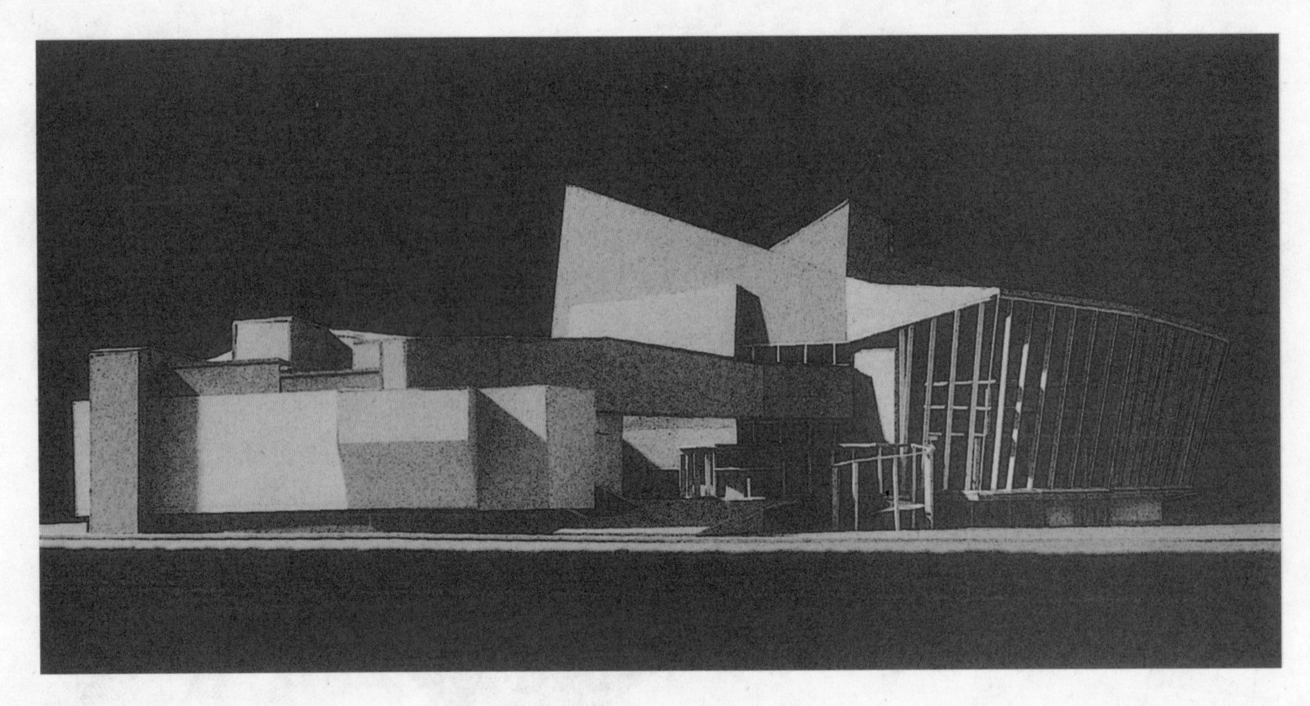

模型照片（从城市看）

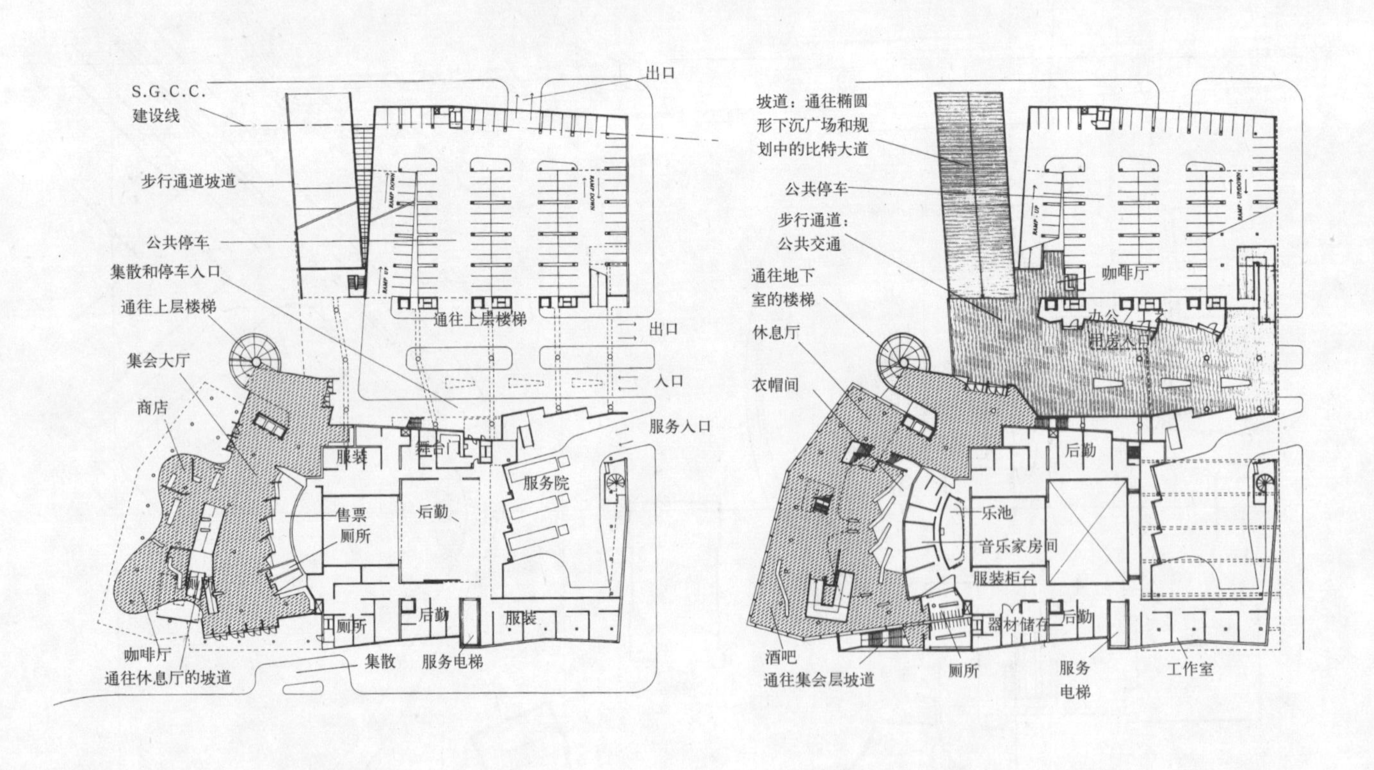

首层平面图

步行道层平面图

模型照片（从广场看）

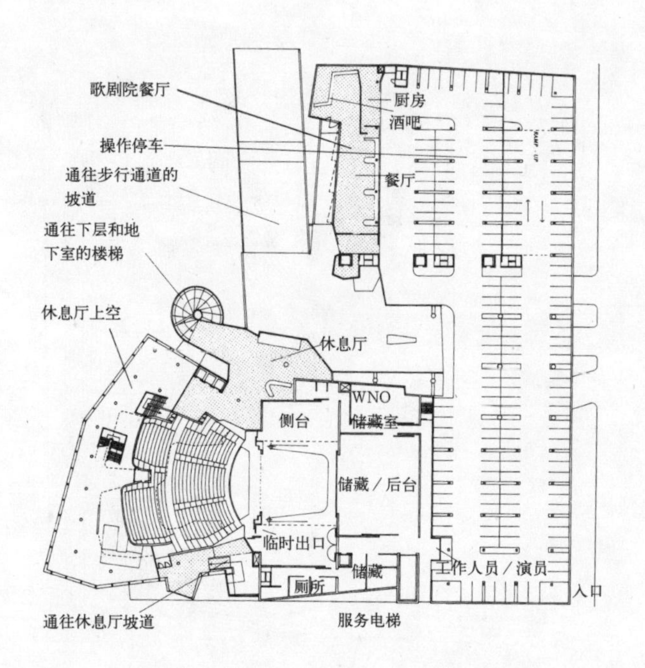

剧场层平面图

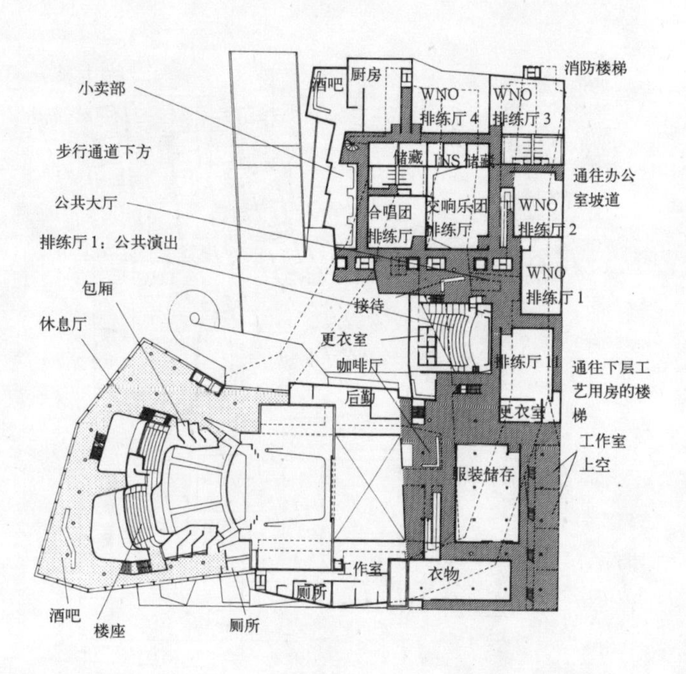

工艺层平面图

模型照片（从水边看）
下页图：带环境的模型照片

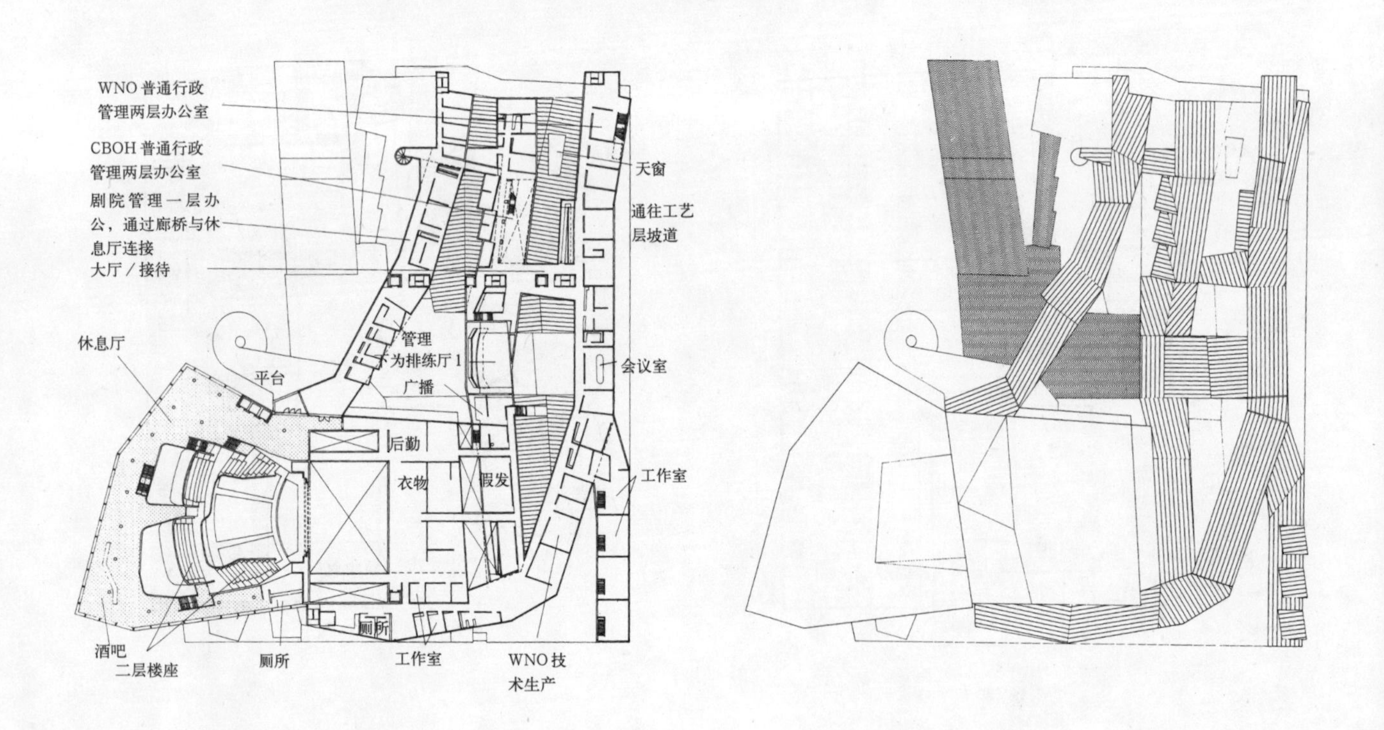

办公层平面图

屋顶层平面图

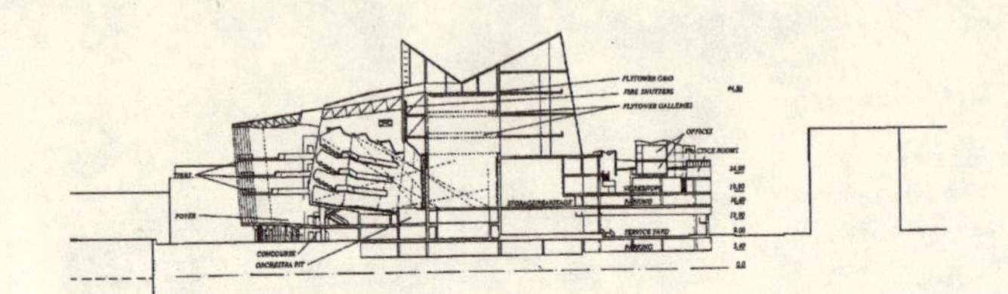

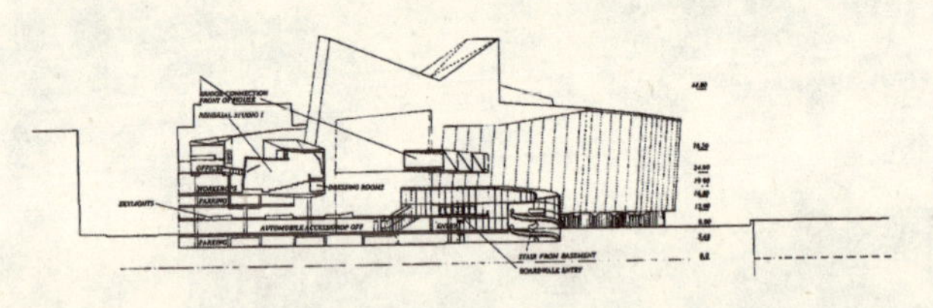

左上图：横剖面（观众厅）
左下图：临城市立面图

右上图：临水立面图
右下图：横剖面（入口大厅和步行道）

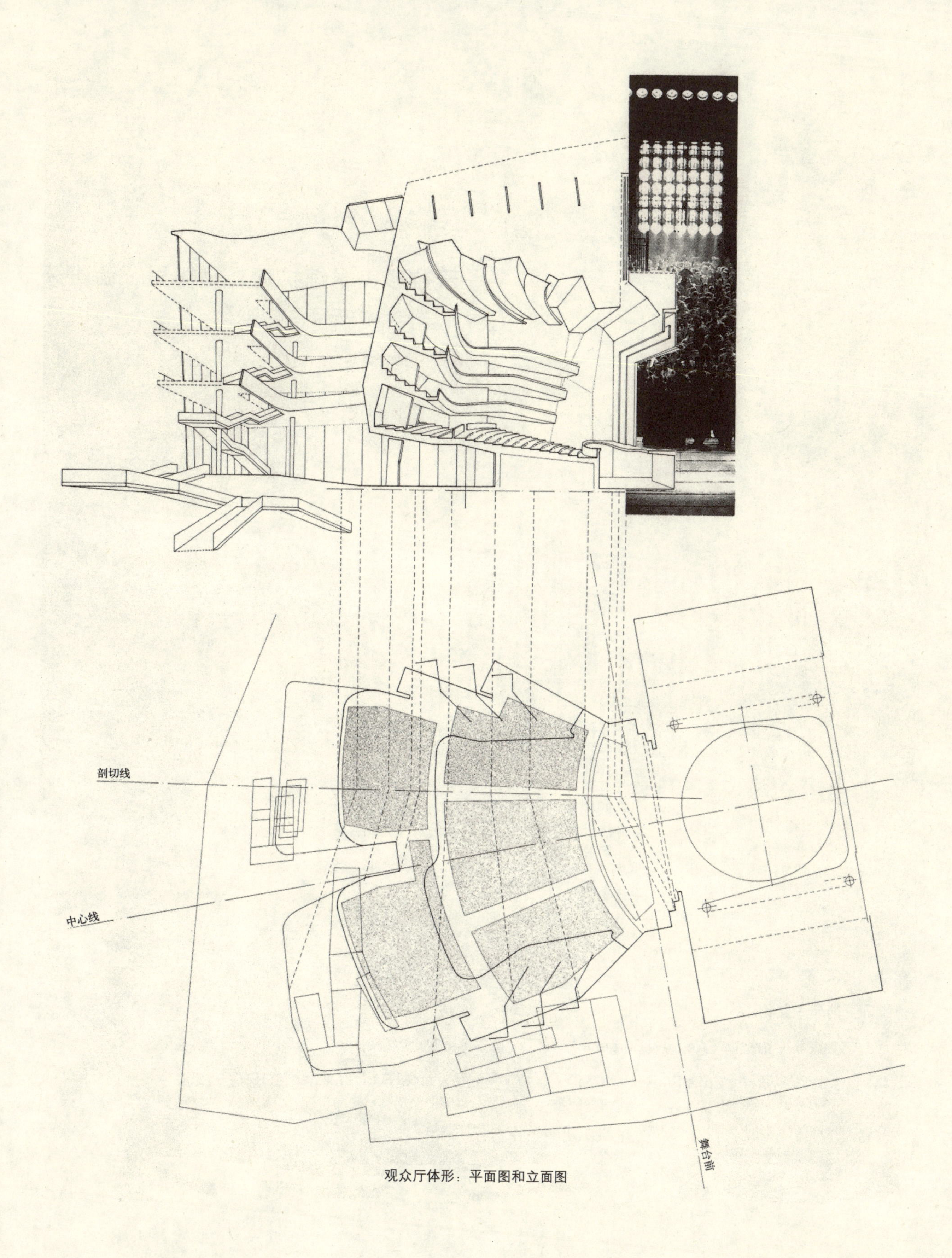

观众厅体形：平面图和立面图

普拉多美术馆扩建，马德里，西班牙

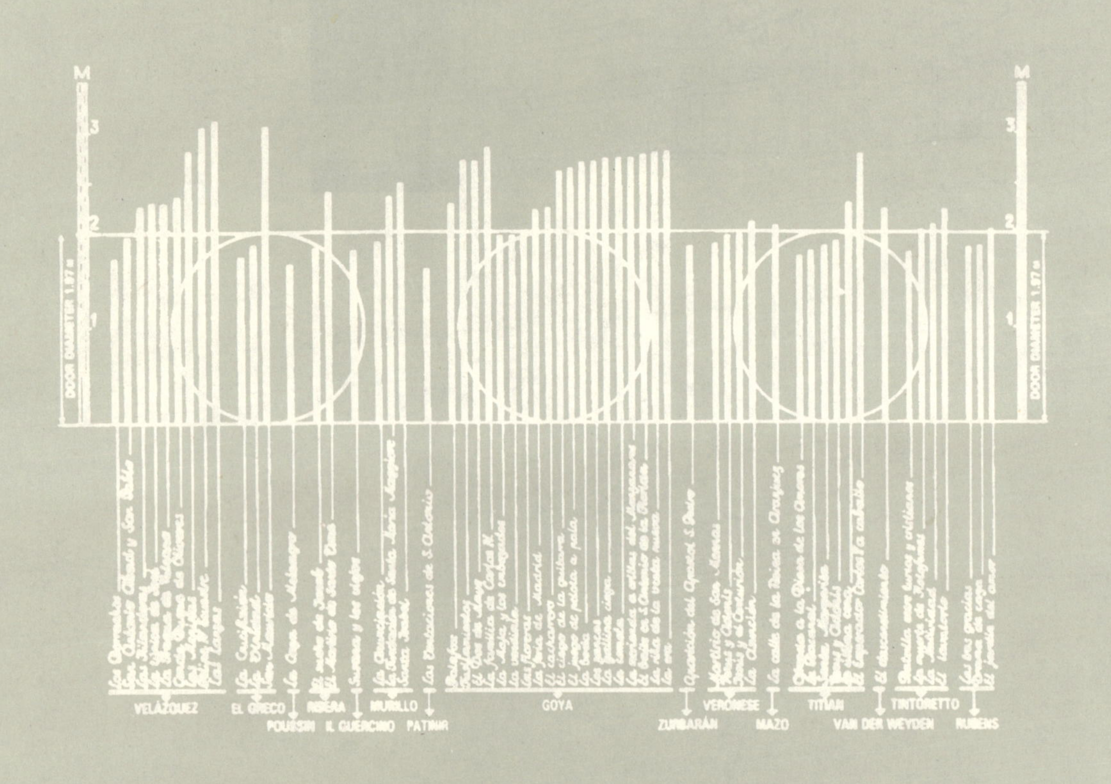

竞赛，1995 年；第二次竞赛，1998 年

建筑师：斯坦・艾伦

协　助：安德鲁・伯吉斯（Andrew Burgess）、马丁・费尔森（Martin Felsen）（1995 年）

克里斯・佩里（Chris Perry）、马赛尔・鲍姆加特纳（Marcel Baumgartner）（1997～1998 年）

上页图：画作的尺寸比较

左图：入口透视，绘于1840年

1995年，普拉多美术馆在马德里举行了一个竞赛，旨在把几个分散的旧建筑联系起来，其中包括最早的建于18世纪的胡安楼（Juan de Villanueva），展出帕布罗·毕加索（Pablo Picasso）《格尔尼卡》（*Guernica*）的普拉多分馆和一个军事博物馆。这些都为重新思考这一设施在城市肌理中的地位提供了机会。博物馆在传统上被认为是独立于城市日常生活之外的。我们把城市看作博物馆扩建的组成部分，摒弃了在博物馆建筑群中重新确立一个中心化建筑或"形体"的想法，而是将扩建的部分设在博物馆公共空间的周边。扩建部分应该作为地段南侧的植物园的延续。它的出现协调了临近城市街区坚硬的几何体和植物园相对柔软的风格。扩建使得新的博物馆成为一个开放的公共场所，一块可以重新拓印现代城市丰富生活的空白石板。

为了在一个没有明确建筑界限的用地中确立公共功能场所，该设计采用了一个具有决定性的插入部分。为了尊重维拉诺威瓦楼（Villanueva Building）的最初肌理，我们首先剥离了那些在20世纪加建的部分。因此在现有建筑的后面空出了一片新建筑的用地，可以保证从马德里市中心的林荫大道普拉多路上清楚地看到保留的传统立面。

一个缓坡把人们从普拉多路大道引入新的建筑入口，通往一个连接着新博物馆各个部分的中央大厅。每一种功能（如入口、观众厅、临时展厅和研究图书馆）都通过其双层表皮的透明盒子结构展现了各自的特色，而中央大厅起伏流动的屋面、绿化密布的园地，则将这些立方体连接为一个整体。服务和辅助功能则布置在这些盒子之间。这一方案没有按照竞赛的要求在圣赫罗尼莫修道院（Cloister of San Jeronimo）的原址上修建房屋，而是经过修葺成为能够俯瞰博物馆丰富外观的城市公园。

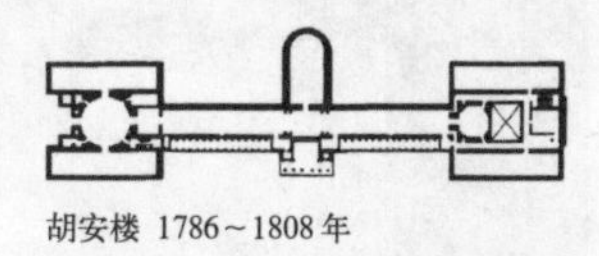

胡安楼 1786～1808年

加建 1914～1918年

现存建筑和历次加建

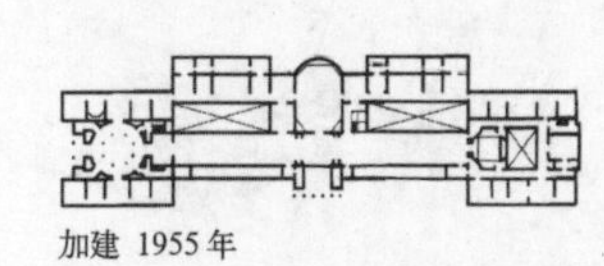

加建 1955年

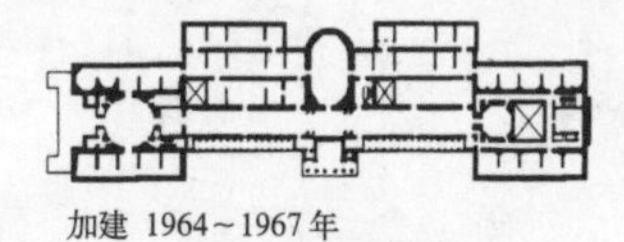

加建 1964～1967年

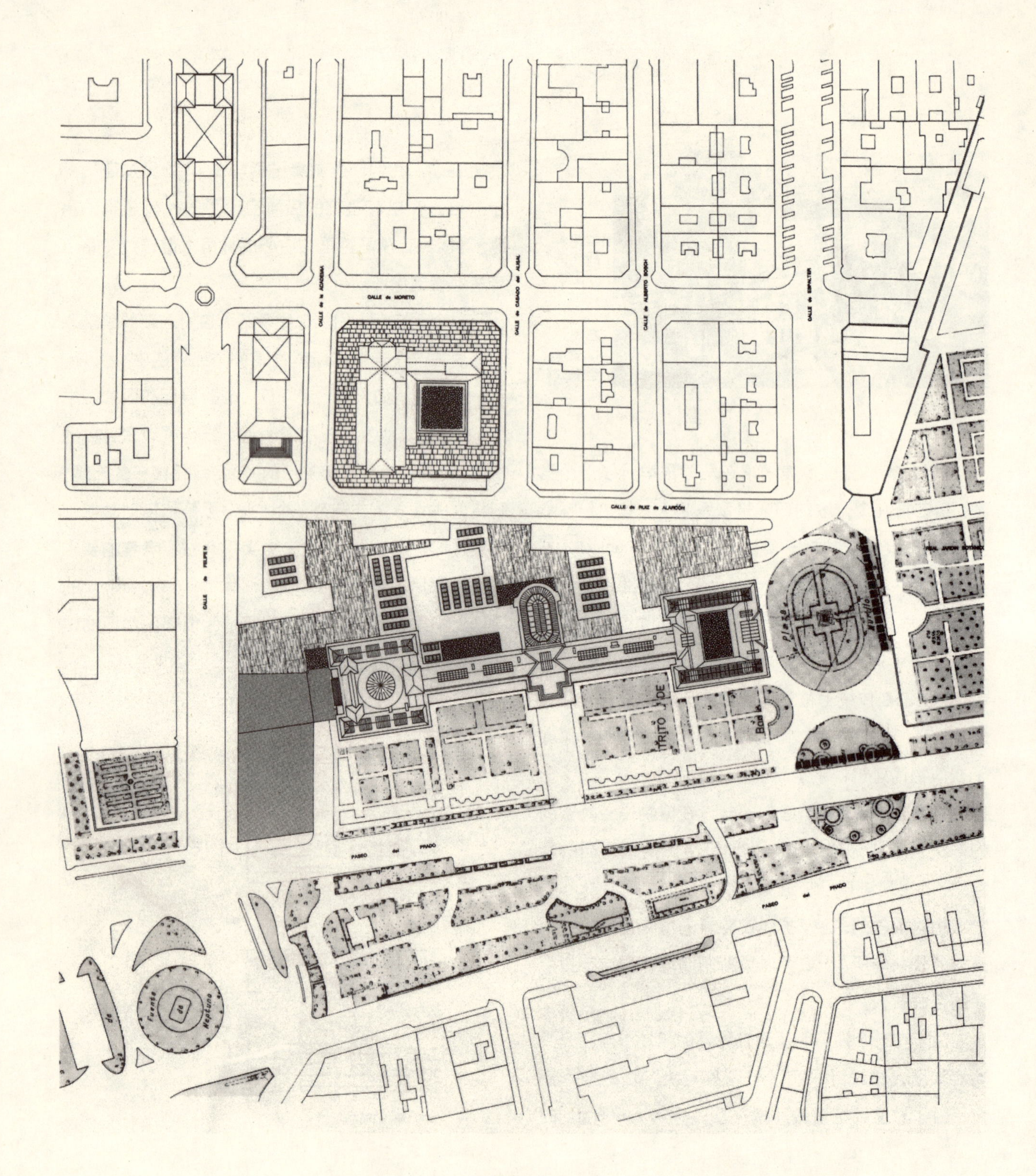

平面环境

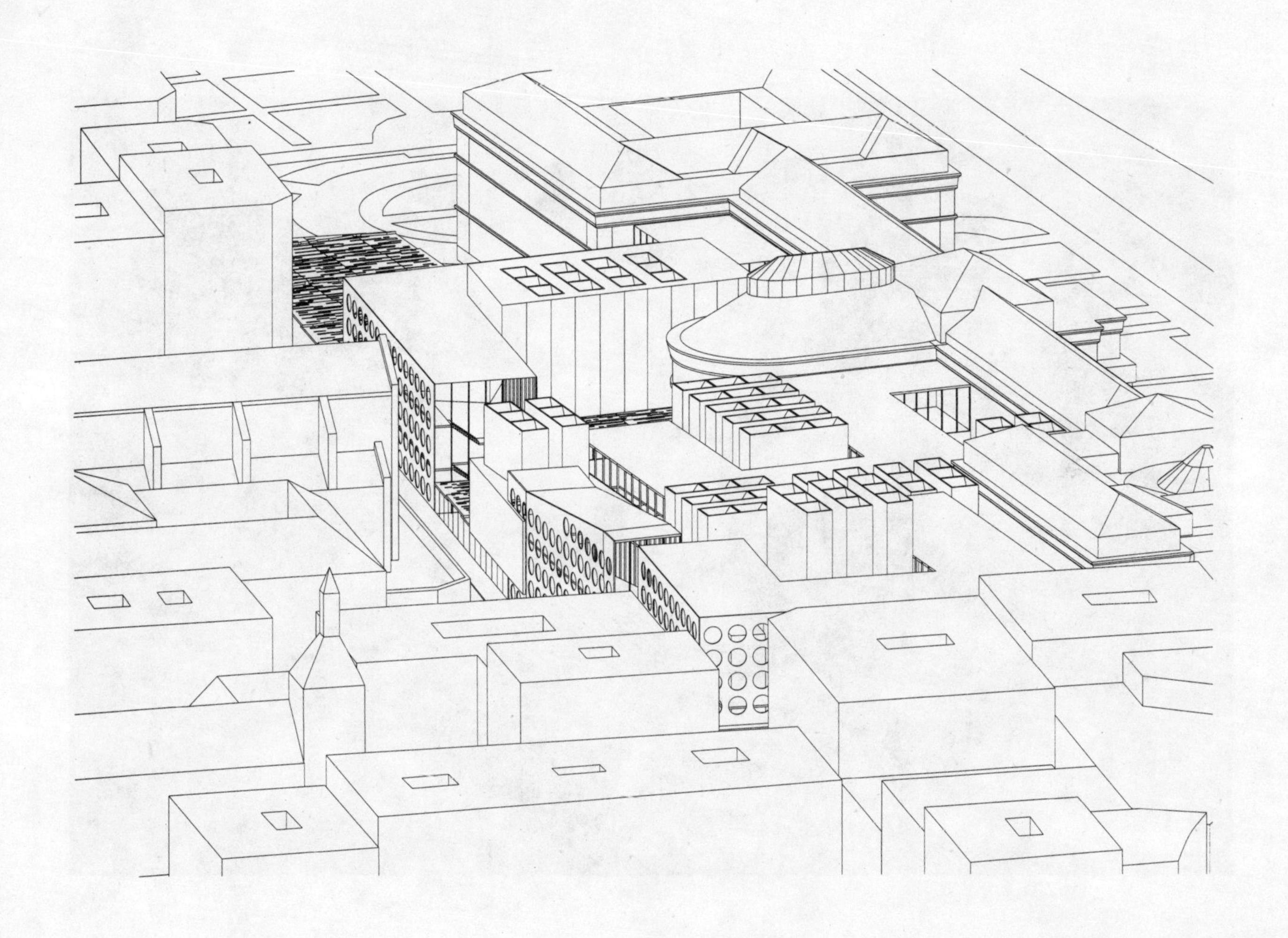

环境中的透视图

模型鸟瞰图

屋顶平面拼贴图

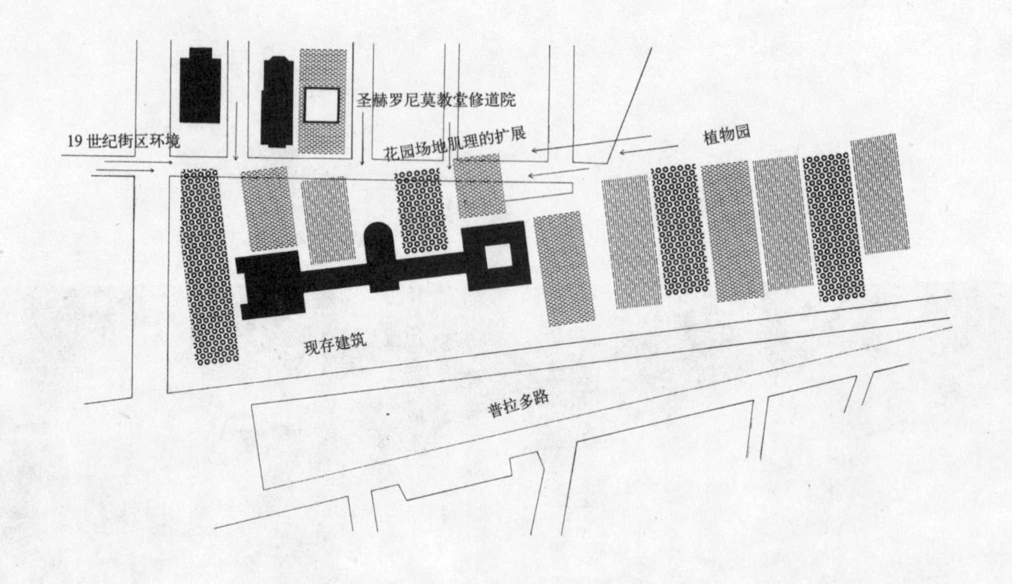

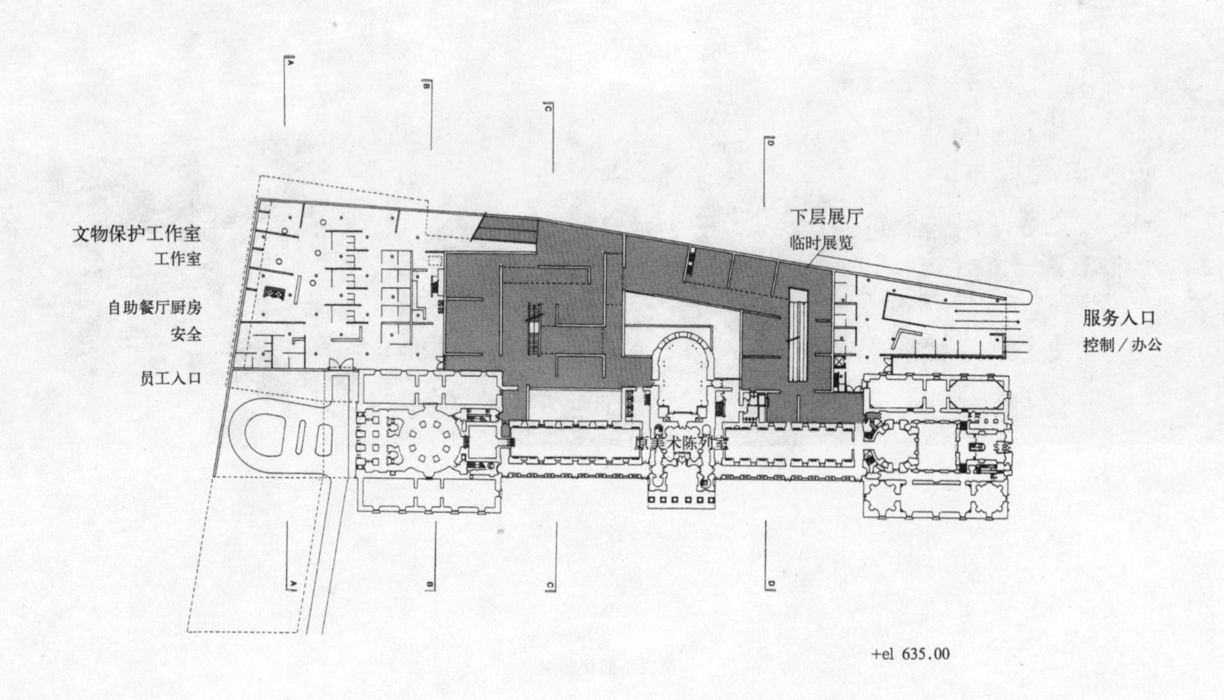

上图：地段分析图
下图：首层平面图

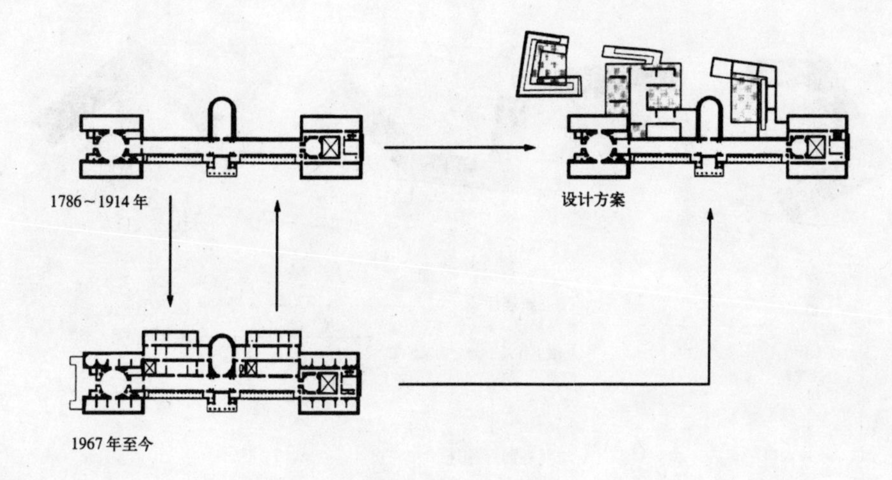

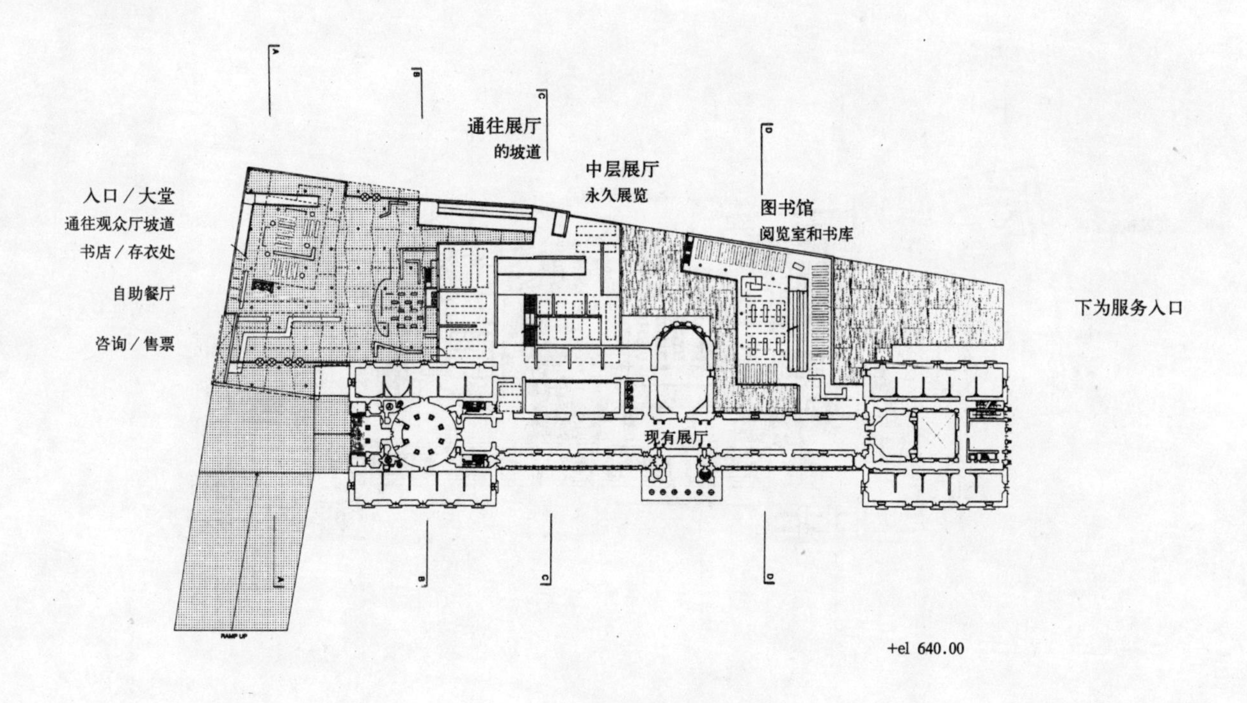

上图：加建部分分析图
下图：入口层平面图

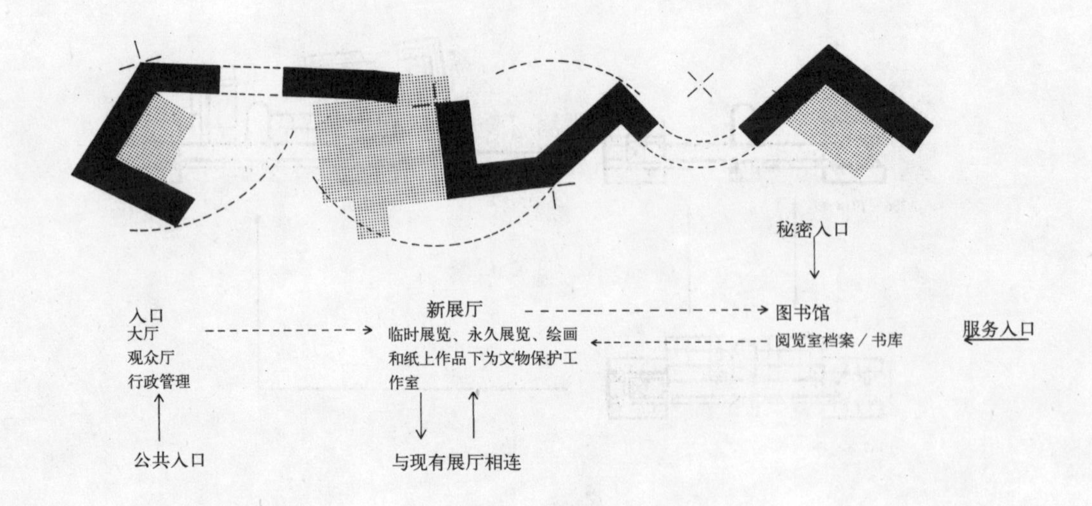

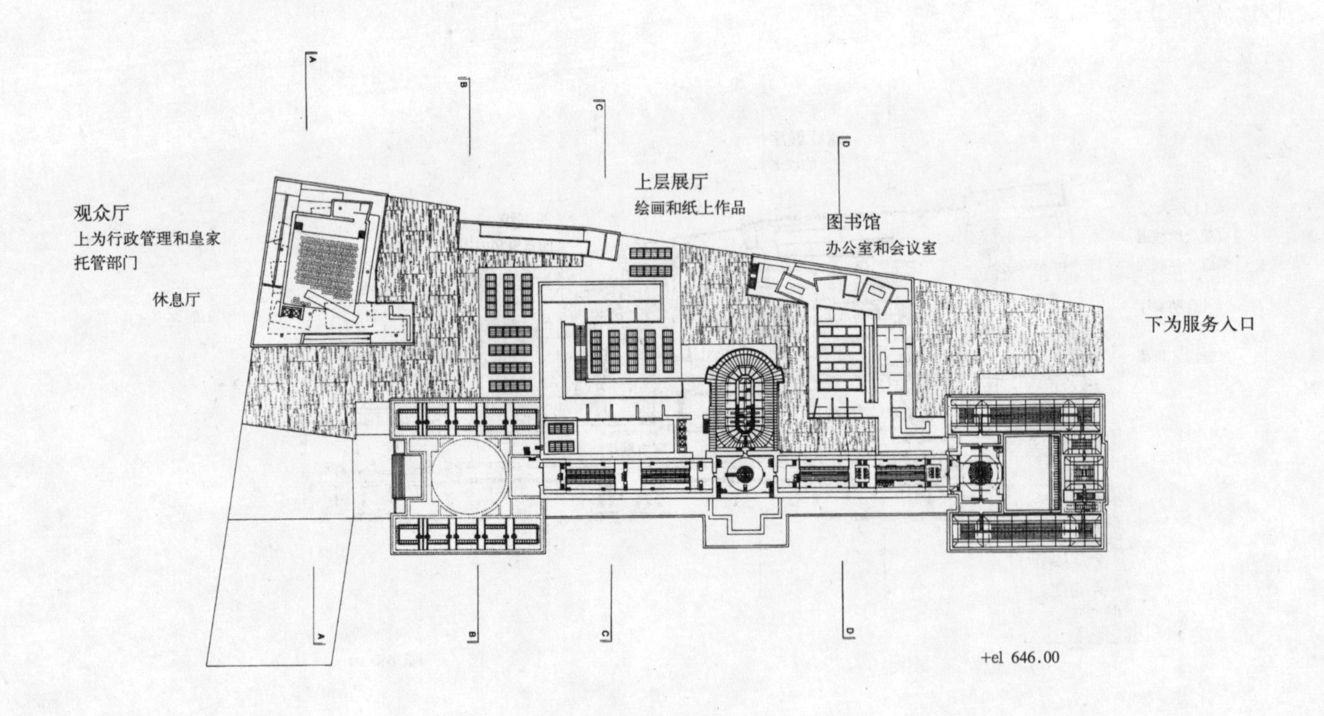

上图：功能布置分析图
下图：上层平面图

体块模型：单体和围护

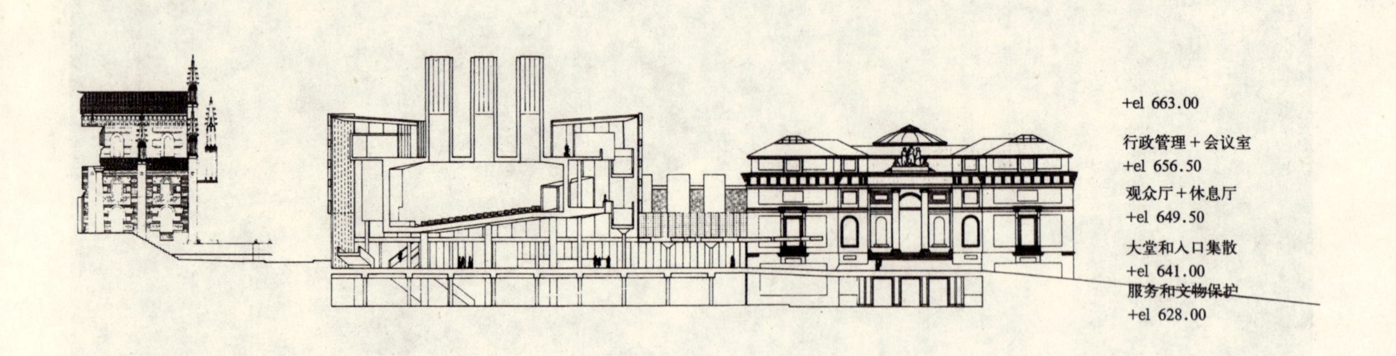

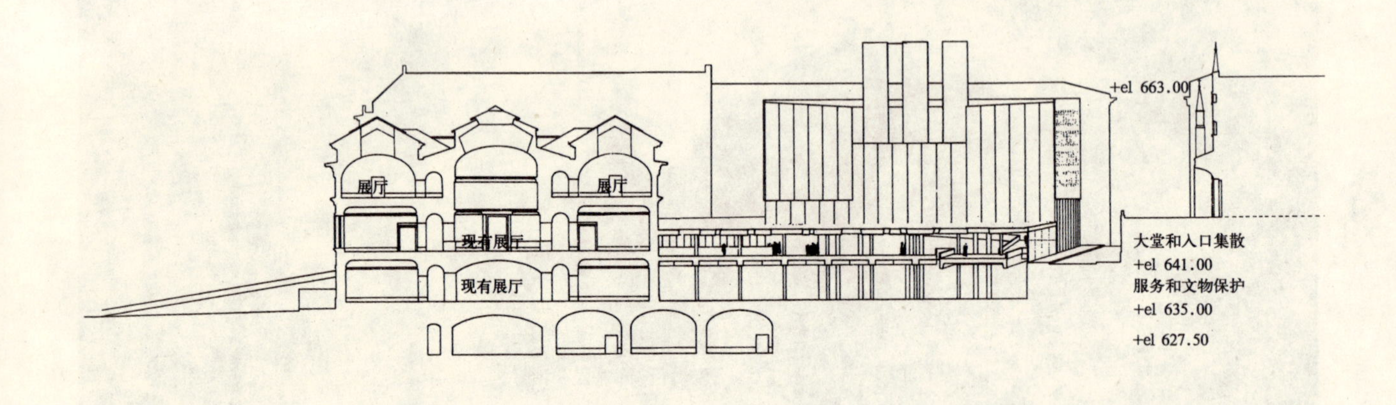

上图：观众厅剖面图
下图：入口大厅剖面图

上图：西立面图
下图：东立面图

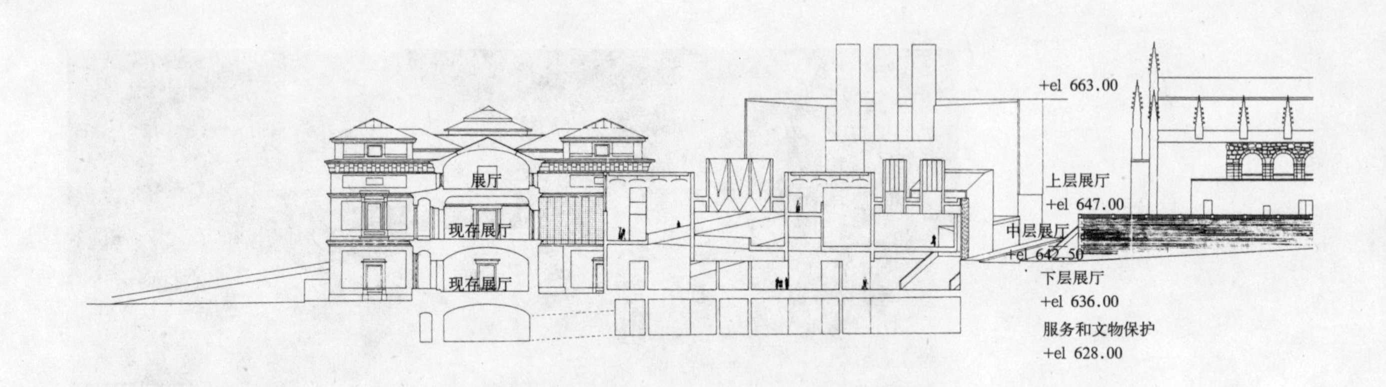

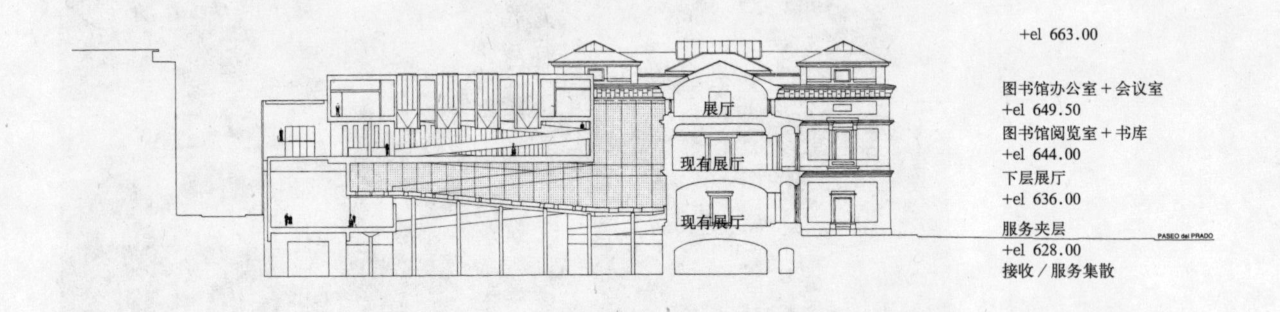

上图：画廊剖面图
下图：图书馆剖面图

从普拉多路上鸟瞰

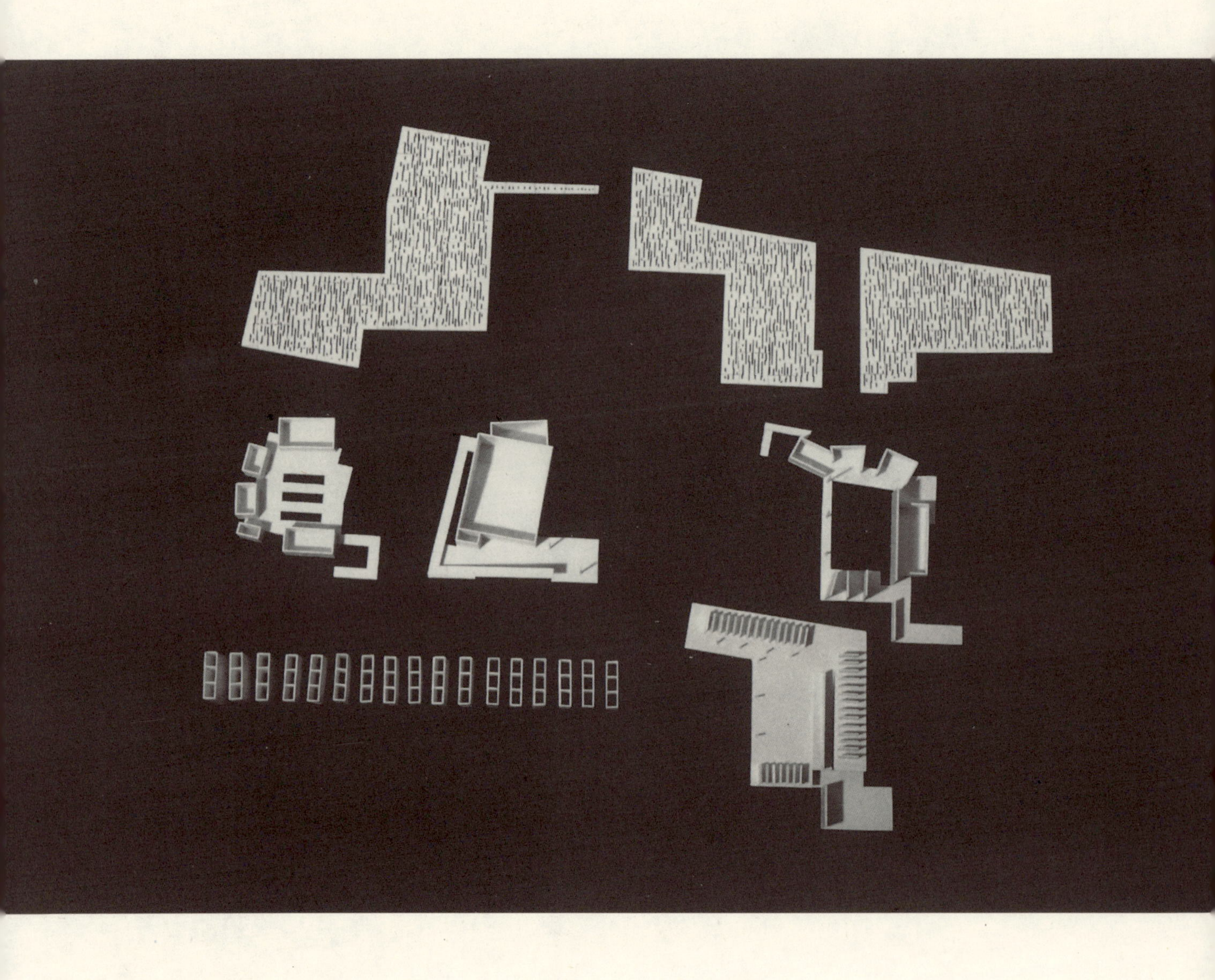

模型组成元素

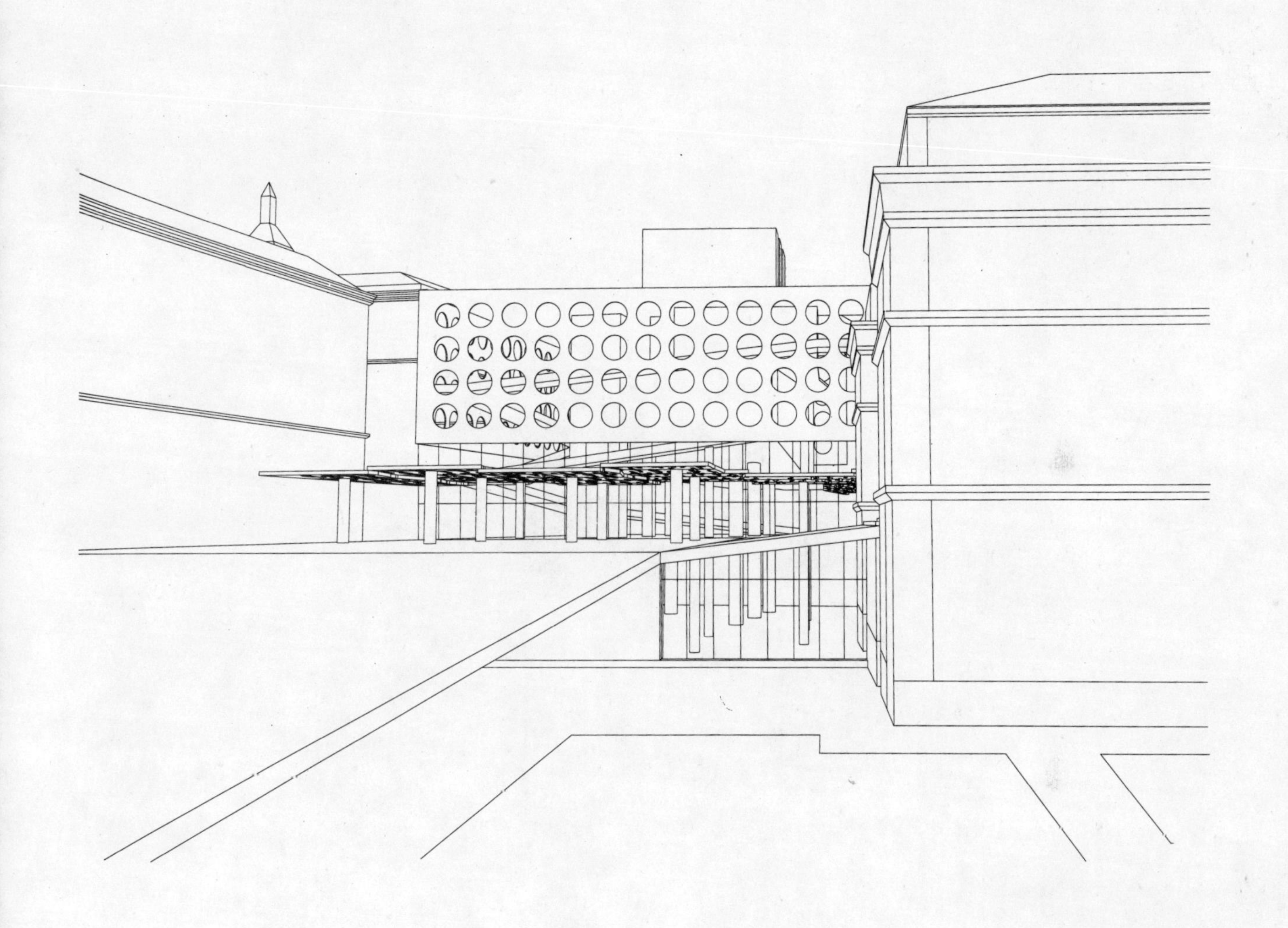

沿普拉多路透视图

基础建设城市主义

“只关心本质：陀螺仪的物理学原理、光的通量、结构巨大的建筑。”

——J·G·巴拉德（J.G.Ballard）

项目

贝鲁特露天市场重建（Reconstruction of the Souks of Beirut），1994 年

后勤服务区（Logistical Activities Zone），巴塞罗那，西班牙，1996 年

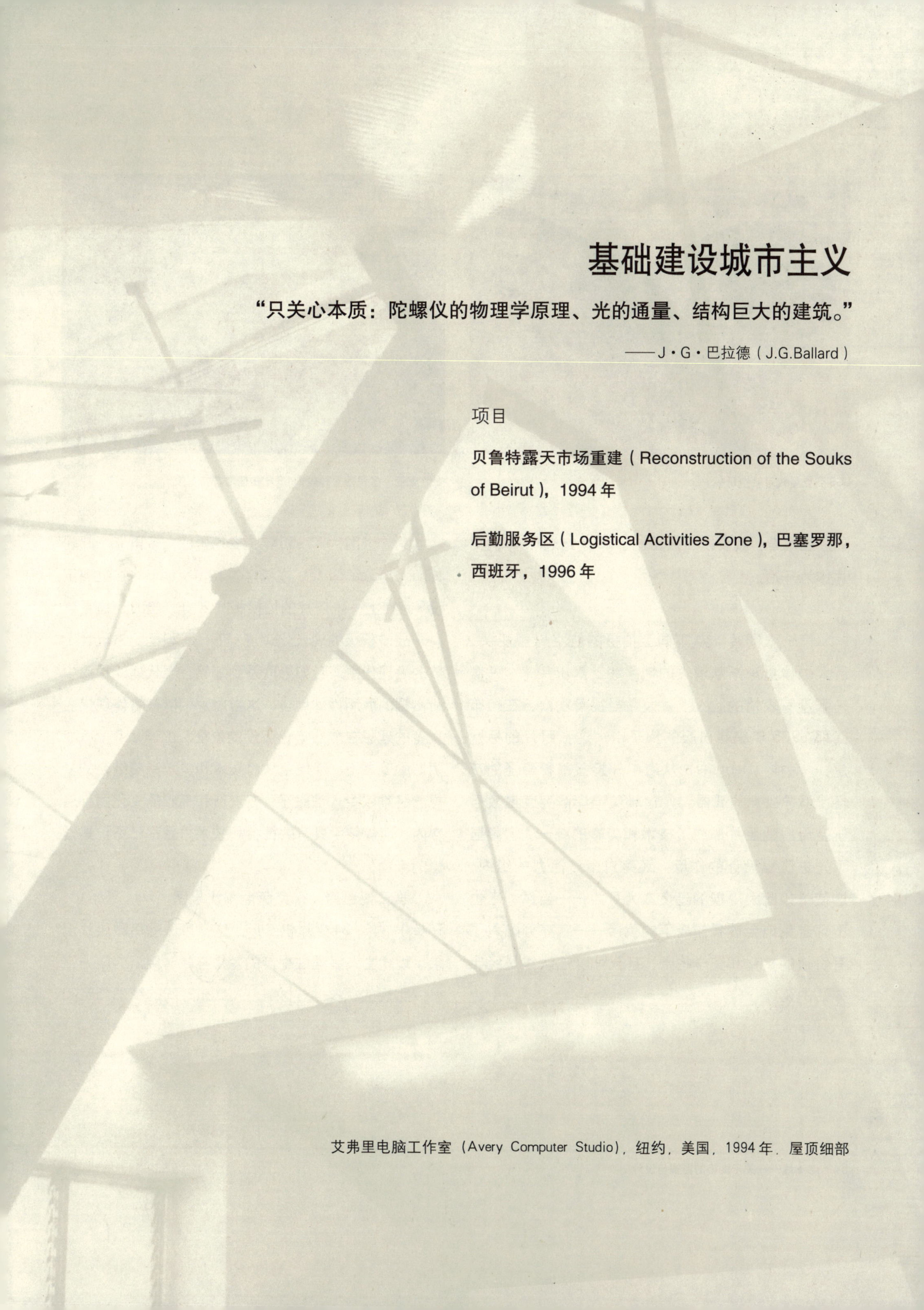

艾弗里电脑工作室（Avery Computer Studio），纽约，美国，1994 年，屋顶细部

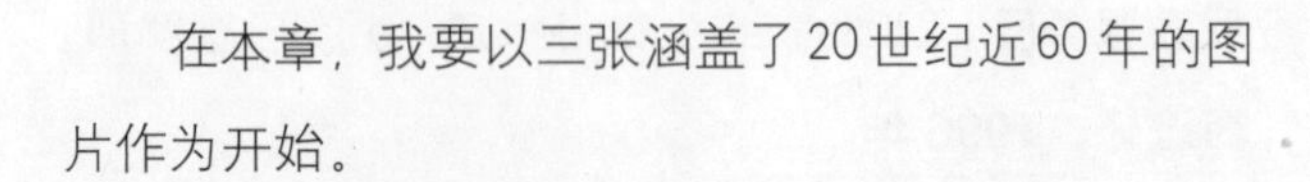

USS 列克星敦号航空母舰

安德里亚 · 多里亚号邮轮 1956 年在楠塔基特沉没

在本章，我要以三张涵盖了20世纪近60年的图片作为开始。

第一张图片：从下向上拍摄的航空母舰船头。巨大的体量渐渐从消失的地平线上露出头来，好像一张没有表情的脸，张着大嘴凝视着观众。在柯布西耶1935年编辑出版的集子中，这张照片的标题是："海神（Neptune）从海中升起，戴着奇怪的花环，那是战神的武器"。[1] 这张美国USS列克星敦号航空母舰的照片形成了技术和美感的统一。它彰显了先进工程设计的作用，还有对生产能力的组织，这使得如此大规模的建造成为可能——当然，它也不可避免地会被看作战争的机器——它充分融入了有价值的文化和美学构架，甚至可以被认作是经典神话的延续。

第二张图片：1956年，安德里亚 · 多里亚号邮轮（liner Andrea Doria）在楠塔基特（Nantucket）近海沉没（距离上一张照片的拍摄相隔20年，当时还是更崇尚于战前积极的现代化潮流，而不是20世纪末玩世不恭的后现代主义）。如果联系到邮轮在现代建筑理论中所占据的讽刺性的地位，这张照片可以被看作现代主义者的理想在战后年代沉没的象征。在1956年，冷战阴影的笼罩下，现代主义者技术和美学完美结合的梦想已经难以令人信服了。在流行和高雅的文化两种层次内，现代化所具有的社会和技术力量都已不再是理想的产物。

第三张图片：得克萨斯州沃思堡（Fort Worth, Texas）的B–24轰炸机工厂。这张厂房的鸟瞰照片记录了现代主义者理性生产的梦想在战时经济的压力下得以实现的状况：对材料、人员和时间的精确测定实

B–24轰炸机工厂，沃思堡，得克萨斯，1944年

现了令人难以置信的高效生产，就像宣传广告说的，"上前线，上生产线"(on the front line, and on the production line)。"每4小时生产一架B–24轰炸机"：一场机械的芭蕾正在这个清晰的生产空间中上演。这个空间和在其中生产的理性的机器如此相称，完美的全景式通透形成了无尽的景象，构成了这一空间，而建筑自身的结构也源自理性的构筑方式。然而，更为值得注意的是，这张照片不仅在其诞生的20世纪40年代风光过，在20世纪90年代初也曾被用在一个广告中，为重造一架展览用的B–24轰炸机筹款。如此看来，它标志着从生产技术到再生产和展示技术的转变。如果说这间厂房就是早期现代主义最理想的空间，那么这个展览馆则是后现代主义的象征空间了。

正是这些现代主义显示的衰败，合情合理地导致了向以抽象符号和缺乏深度的表象为特征的后现代文化的转变。在建筑上，这一从生产技术到再生产技术转变的后果是，一座建筑物产生意义的方法，就是将传统符号嫁接到无特性的技术框架中去。上述的照片标志着，从伴随着通透性和深度的形式组织和含义的模型，向浅显化、表面化状态的转变，在后者中，意义是附着在表面的图像信息上的。

不过，难道就不能把这种转变看成是现代主义似非而是的成功，而不是失败吗？现代性转而成为交流和连续生产的抽象系统。从具体的、物质的东西转向瞬息万变的符号，物质实在消解为信息的流动，这一变化早已在多种渠道中被现代化自身的抽象逻辑所预见。但没有人预料到这种转变采取的形式，也不能在现代主义其中完全得到控制。而重新评价则是必要的。

在建筑上，后现代主义总是被联系到对建筑传统的再发现。其实，另一个同样重要的变化早在20世纪60年代末就已通过多种方式，将后现代主义写入历史了。[2] 后现代主义不但响应了让建筑重新回归历史的呼声，也是对当代建筑**表达意义**需求的回应。历史提供了"有意义的"形式在当时的内容，但是在过去的适应和使用过程中，它必然会脱离原有的文脉，转化为一个符号。相对于历史因缘，真正在建筑学内形成后现代主义的，是当今的符号学/结构主义模型。而一旦建筑的能指(Signifying)功能确立起来，它的所指(Signified)含义就不再受到控制了。"历史"，只是符号学建筑要表达的众多内容之一。

20世纪60年代末到70年代初向符号学建筑的演变使其自身陷入了来自形式和意识两方面的激烈争论中。但即便是最激进的批评也都没有触及"建筑作为一种不严谨的符号系统"的基本概念。例如，解构主义争论建筑表达意义的恰当可能性的激进言论，关注意义和表现的范畴，而很少把注意力放在建筑的实用性或是表现和实质性之间的复杂关系上。到了今天，意义可能变得错综复杂、备受争议、污点重重，甚至还是片面的，但始终还是个要点。

不过，如果一座建筑严格按照符号登记簿上的要求表现，把自身的角色仅仅限定在批评、注释甚至"询问"(interrogation)上，而很少考虑到建筑和权利、政治之间的复杂关系，那么它就是在基本的层面上，放弃了干预(intervening)真实世界的任何可能。在表现模式的主导

岸际水道（Intercoastal Waterway），罗德岱堡（Fort Lauderdale），佛罗里达，1956～1957年

下，建筑只是把自身的能力限制在想像、设计和建造有选择性的现实上。正如罗宾·埃文斯（Robin Evans）曾经指出的，一栋房子曾是"一个改造人类生存环境的机会"，现在则是"一个表达人类生存环境的机会"。[3] 建筑被看作一个不严谨的系统，可以在保证安全的距离内表现、批判或是制造貌似这个世界艰辛的真相。

向影像、符号转变带来的一个后果就是建筑原有的学术框架改变了。它要和其他非严谨的媒体，如绘画、电影、文学、网络和表演艺术等展开竞争，而在这一领域里，建筑常常会处于下风。当然，这些媒

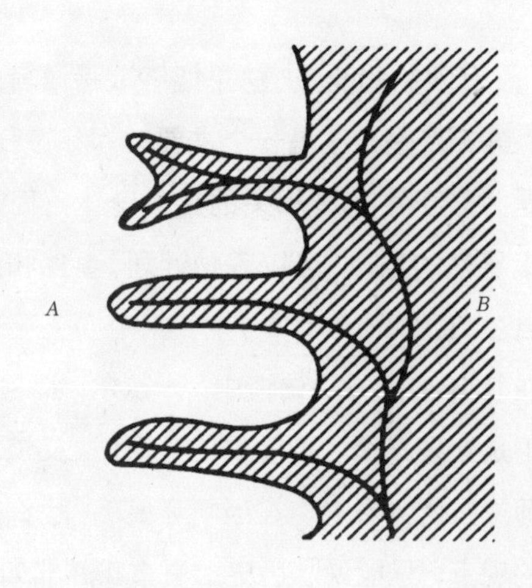

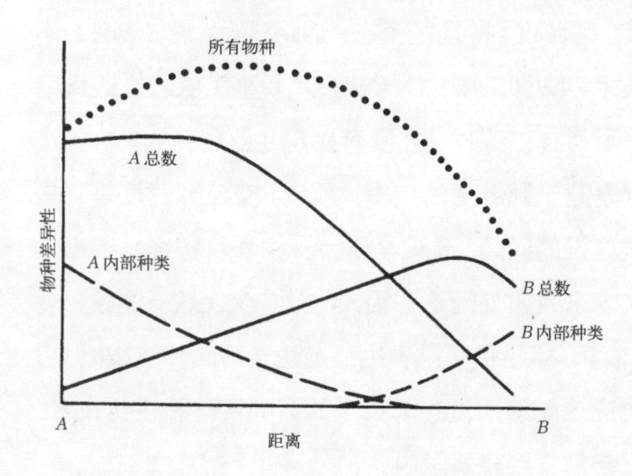

理查德·T·T·福尔曼（Richard T.T.Foreman），生态环境图表

Watauga大坝（田纳西州艺术学校提供），建议建设地点，1946年

体所缺乏的，也正是建筑强有力的实用性——它的能力不仅是评论，更是实实在在地改变现实。当然，建筑和其物质形态的关系是间接的。园艺和木工等工作需要实打实地接触材料，建筑师（也包括工程师、规划师、生态学家）则不同，他们对现实的操纵要保持一段距离，还要借助抽象的媒介系统，如符号、设计和计算等。间接接触对于大尺度的干预是必要的。建筑设计工作需要同时借助错综联系的抽象的图像和具体的物质。这实际上是一种**物质的**实践。

在后现代主义建筑兴起的25年间，出现了城市基础建设投资的大规模衰退，这不完全是偶然的。美国城市建设的公共投资，包括公路、铁路、水利系统、土地开垦和公共交通等，都陷入了空前的低迷。尽管理论上建筑师并不需要对这种复杂的政治经济变化负责，但必须承认，建筑师把表面和符号作为建筑物确立的依据，通过这种理论框架的产物，他们确实在有意无意间让自身边缘化了。如果建筑师断言符号和信息比基础建设更重要，官员和政客们还有什么理由不同意呢？就像被排除于城市发展之外，建筑师也远离了功能、实用、技术、财政和物质实践等问题。既然建筑师已相对无力于呼吁变革，以保证必要的基础建设复兴投资，他们就必须开始将自身的想像和技术能力转向基础设施建设方面。借助于建筑传统上对区域组织和功能的运用，已有的和新的工作方式都可以得到扩展。

这就是我想要适应近期向基础建设靠拢的变化的背景。基础建设城市主义超越了风格和形式的因素，提出了新的实践模型和对建筑构筑城市未来能力的再认识。基础建设城市主义将建筑视作一种**物质**实践，是一种参与到并处于物质世界之中的活动，而并非只具有意义和影像。这种建筑致力于有实用价值的具体建议和现实策略，而不是远距离地解释和评判。它摆脱了总体规划的记号或建筑师的个人英雄主义时代，以大规模的方式实行。基础建设城市主义标志着建筑从表现性的模式向实用性的回归。

上述结论并非意味着仅仅是要回到如今已经声名不佳的现代主义。有两点必须明确：首先，应该重新认识建筑的实用性——不是作为现代化对高效器物化需求的标志，而是建筑与复杂的现实接触的切入点。把建筑投入到物质世界，它才能产生出像罗宾·埃文斯解释利奥塔尔的话时所说的，"不定的、无序的、没有限制的交流，总是能够欺瞒语言的公正评判"。[4] 第二点是，这是一个需要时间和过程的实践，它不是为了产生各不相关的独立个体，而是为了产生有指导性的场所，可以容纳计划、事件和活动等在其中自生自灭。

在15年前的一次访谈中，米歇尔·福柯提出"建筑师不是处理三个主要变量——领域、交流和速度的工程师或技术人员"。[5] 在当前环境下，也许很难评判福柯的观点，只能说从历史上看事实并非如此。土地测量、区域规划、地区生态、道路建设、船舶制造、水力技术、防御工事、桥梁建造、军事工业和交通网络等等所有这些工作，在没有兴起专业化分化前，传统上都是建筑师胜任的范围。领域、交流和速度等正是物质建设的问题，建筑学作为一门学科曾经发展出相应技术来有效处理这些因素。从广义上说，测绘、规划、估算、标注和视觉表达都是建筑师的传统技能。它们也应该能够通过当前可用的新的设计和模仿技术，被重新划归到建筑学内。

再度重视基础建设只是脱离表现主义模式这一大趋势的一个方面，是建筑众多物质实践手段中的一个。对于物质实践（如生态学和工程学），需要结合大规模长时间积聚行为来进行理解。它们首先涉及的不是形象、意义甚至具体事物，而是执行：能量的输入、输出，外力和阻力的测量。它们较少考虑事物看上去像什么，而更多地关注事物能做什么。尽管这些物质实践工作是功能性的，但并非囿于对给定材料的直

电脑生成图像

接操纵。相反地，它们通过符号、模拟、估算等抽象技术来实现对现实的改造。物质实践可以对劳动、材料、能量、资源的积聚进行组织和改变，但需要通过必要的中间过程，如绘图和设计等方式，来对作品产生影响。物质实践只设置一个开放的技术体系，而没有预先确定的形式结果。

在建筑和城市规划中，技术不是属于个人，而是属于整个学科的。就像福柯提醒我们的，技术的社会性先于技术性。因此，把建筑看作一种物质实践并不意味着完全抛弃了意义的问题。建筑同时涉及到文化、社会变量和物质实体两方面，建筑的能指功能是建筑师经营城市的一种有效工具。但物质实践不会试图控制或是预先确定意义。相反，它们超越了语言的自相矛盾，转而检验执行和行为过程中指代活动所带来的影响。物质实践关注的不是表达——无论表达的是作者的观点还是社会的共同愿望，而是要浓缩、改变和实践观念。[6]

与文学、电影、政治、装置艺术和广告等实践性不强的学科相比，建筑在建造城市方面起着相当大的作用。也许是因为能够将社会、文化理念转化为现实，它还可以作出一些纯粹的技术学科，如工程学不能达成的贡献。沃尔特·本杰明（Walter Benjamin）所写的“建筑扮演着无意识的角色”，他阐明了具体构筑物的作用，就如同一个平台，一系列建筑师未曾料到的复杂结果在其上发生，它们的意义和影像跳出了作者个人的掌控，并随着时间变化而发展。

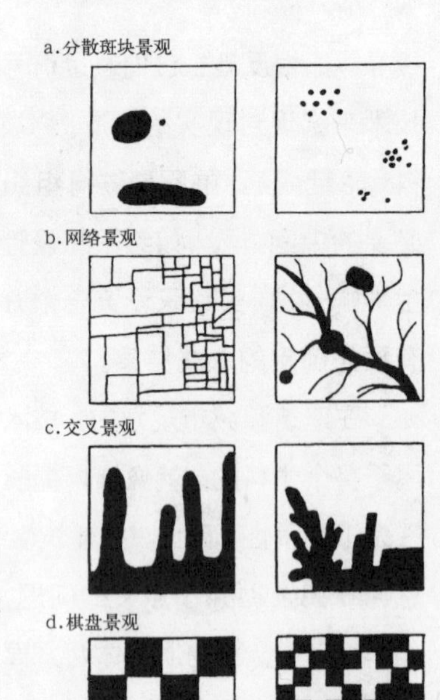

右图：理查德·T·T·福尔曼，生态环境图表

下图：卡圭尼兹（Carquinez）引桥，克罗基特（Crockett），加利福尼亚，1958 年

七点主张

“回首往昔，我真的认为在‘符号学的梦魇’（semantic nightmare）之后，我们要又重新面对一些相同的事情了。”

——雷姆·库哈斯（Rem Koolhaas），1991 年

1. 基础建设工作，不是为了在给定的地块内设计个别房屋，而是要建设这个场地本身。基础建设为未来的房子准备土地，为未来的成果创造环境。其运作的基本模式包括：表层的划分、分配和建设；为未来的计划提供服务；创建移动、交流和交换的网络。基础建设的媒介是地貌。

2. 基础建设是灵活的、可预期的。它们随着时间更迭，允许产生变化。它们区分了一成不变的和能够变化的部分，因而可以同时既是精确的，又是不确定的。其运转受到管理和培养，并缓慢地变化着以适应环境的变更。它们不是朝着一个既定的状况（如总体规划战略那样）发展，而是一直都在宽松的制约环境下演进。

3. 基础建设工作承认城市的聚集本质，允许多种创造者参与建设。基础建设通过关注服务、通路和建造等方面（自下而上），而不是建立规则或规范（自上而下），为城市未来的建设提供方向。基础建设创建了有指导性的场所，让不同的建筑师和设计师在一定的技术和物质限制下进行创作。基础建设本身的实施是

有战略性的，但它鼓励战术上的创造性。基础建设工作脱离了自我指导和个人表现，朝着集体表达的方向发展。

4. 基础建设既协调了局部的偶然性，又保证了整体的连续性。例如在设计公路、桥梁、运河和引水渠的设计中，就有类型广泛的策略来控制不规则的地形（转弯路、高架路、四叶苜蓿立交桥、之字路等），在保证功能连续的前提下，创造性地协调现状地形的不规则。不过，基础建设默认的环境是规律的——在沙漠中，公路就沿直线伸展了。基础设施建设超越了所有的实用主义。因为运作的方式是功能化的，它就不会牵扯到形式的争执中。设计者关心的，既不是（理想化的）规则，也不是（分裂的）无规则，因此可以自由采用任何适应于某一特定环境的方式。

5. 尽管其自身是静态的，基础建设组织并管理着流动、运转和交流等复杂的系统。它们不光提供了交流的网路，也通过锁、闸门、阀门这些系统来控制和调节流动。认为基础建设可以像乌托邦似的激发新的自由的想法是错误的，而应该说通过新的网络交流确实有可能获得纯粹的收益。重要的是设计的活动介入到系统、未被占据的缝隙和未被利用的空间，这些尚未预料到的发展中的程度。这又引发了基础建设系统中形式表达的问题：基础建设应该是树状和等级化的，不过，规模效应（元素变得特别大或特别小的时会产生毛细效应和协同效应（当系统交迭和交替时），都能够产生某种场所环境，可以打破基础建设将其组织在线性模式下的总体倾向。

6. 基础建设系统如人工生态系统般运转。它们控制场地内能量和资源的流动，并且调整栖息地的密度和分配方式。它们创造必要的环境来满足对可利用资源不断增长的需求，改变居住状态来适应环境的条件。

7. 基础建设提供对典型单元和重复的构筑物进行细化设计的可能，促进了以建筑方式进行城市化的途径。和通常按规模逐渐深入，从一般到个别的设计方式不同，基础建设设计一开始就对特定条件下的特定建筑元素进行细致描绘。基础建设综合体对于建筑设计的限制是技术的和手段的，而不像其他模式，试图通过禁令把建筑形式公式化和规范化（如规划法规和类型标准）。在基础建设城市主义中，形式很重要，不过它能做什么比它看起来像什么更重要。

“是城市化地对待建筑和建筑化地对待城市的时候了。”[7]

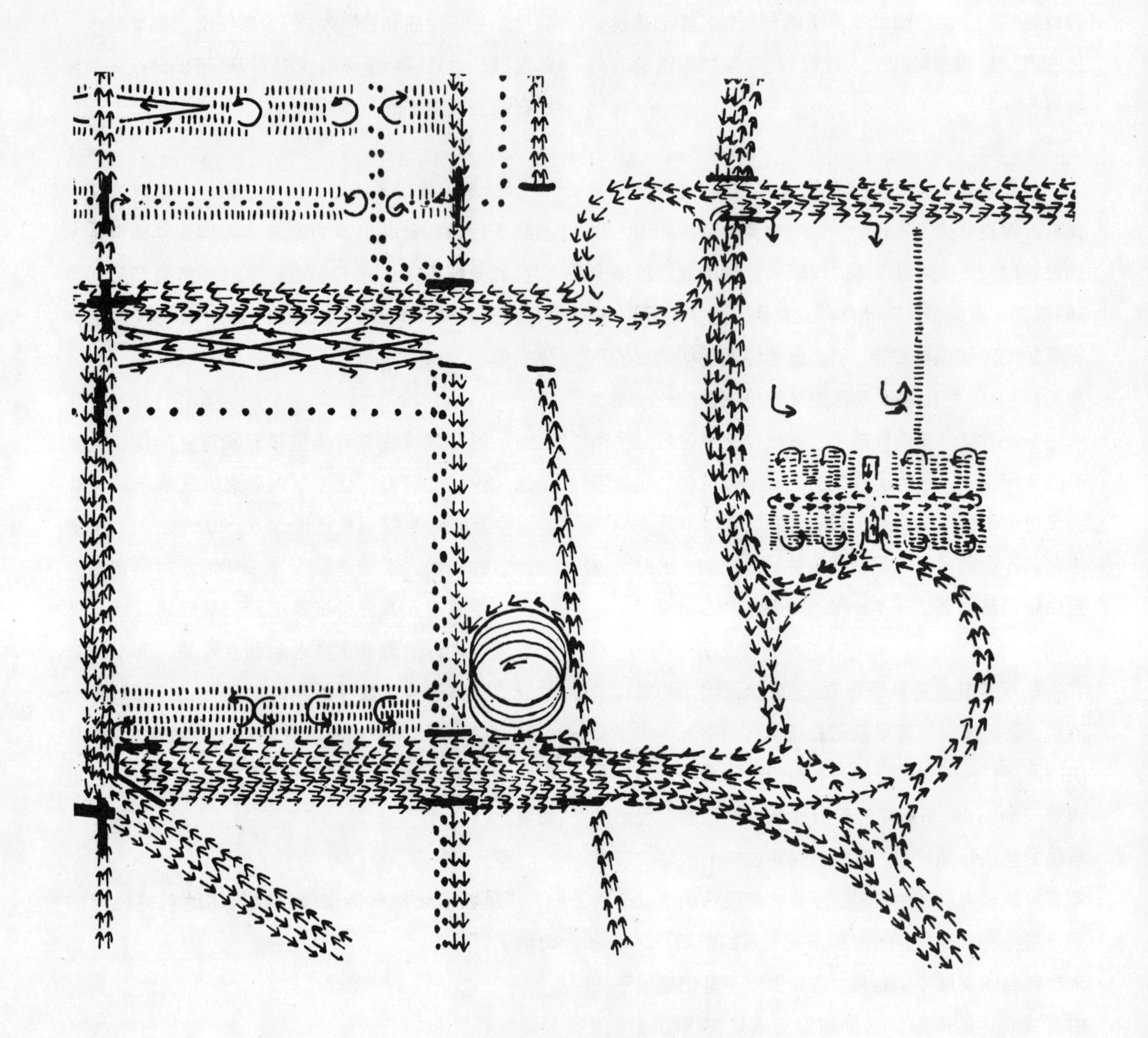

路易斯·康（Louis Kahn）：运动图示，费城规划研究

注释

1. 勒·柯布西耶：飞机，1935年；再版：纽约，环宇出版社，1988年，插图18。
2. 罗伯特·文丘里（Robert Venturi）：建筑的复杂性与矛盾性，现代艺术博物馆，纽约，1966年；柯林·罗（Colin Rowe）、弗瑞德·科特（Fred Koetter）：拼贴城市，剑桥，马萨诸塞，麻省理工学院出版社，1978年。注意《拼贴城市》的文章完成于1973年，在出版前就已广为传播。
3. "调查、询问、审问等词都被用来形容设计者的行为，说明设计是一种寻找的方式，设计的过程好像被送到了精神实验室，在那里知识的边界被缓慢而肯定地扩展着。"——罗宾·埃文斯：坏消息，提交给"约翰·海杜克作品的理论和实践研讨会"的论文，加拿大建筑中心，蒙特利尔，1992年5月15日。
4. 罗宾·埃文斯：The Projective Cast，剑桥，马萨诸塞，麻省理工学院出版社，1995年，第91～92页。
5. 米歇尔·福柯：空间·知识和权利，保罗·拉比诺（Paul Rabinow）编，福柯读本，纽约，潘通（Pantheon）出版社，1984年，第244页。
6. 在贾尔斯·迪卢兹提出的区分中，相比实现可能性，物质实践更关注把虚幻的东西现实化。见贾尔斯·迪卢兹：伯格森哲学，休·汤姆林森（Hugh Tomlinson）、芭芭拉·哈伯贾姆（Barbara Habberjam）译，纽约，Zone Books，1989年，第97页。关于虚幻和其他许多观点，我更倾向于迈克尔所说的，全球空间流动的转向，提交给贝尔拉格建筑学院的论文，1997年10月28日。
7. 艾莉森·史密森（Alison Smithson）编：10人小组读本，马萨诸塞，麻省理工学院出版社，1968年，第73页。其中有一个完整的段落阐述"城市基础建设"，主要探讨的只是大规模机动车道路问题。不过，10人小组对规模、用途、运动、流动问题和城市景观变革的关注，使他们在任何建筑和基础建设的研究中都应该被看作值得效仿的、必不可少的出发点。

贝鲁特露天市场重建

竞赛，1994 年

建筑师：斯坦・艾伦

协　助：杰克・菲利普斯、凯瑟琳・凯姆

当试图重建一个在长期缓慢生长中已使建筑被多种文化所包围的城市时，认清时间流逝的踪迹，并且接受规划过程自身也是局限的、不完整的这一事实，是非常必要的。这项工作既需要准确地理解城市中的建筑，更需要认识到设计实践内在的局限性。一个像贝鲁特这样的城市所具备的复杂文化是不可能在一夜之间只根据一个“总体规划”而完全被改变的。在对一个城市多样化的本质足够尊重的前提下，又该如何对其施加统一化的方法呢？

我们提出了四个各自独立又相互关联的操作：

1. 为了尽可能地保护和重建那些现存的历史建筑，就要接受所有由此导致的局限和不规则。

2. 用一系列连续的界面覆盖基地。

3. 建造一批新建筑，以容纳多样的功能需求：市场、餐厅、办公、住宅、电影院和百货公司。

4. 最后，或许也是最重要的，就是要加建一个巨大的钢和玻璃的屋顶，覆盖整个基地，把其中那些原本支离破碎的部分弥合到一起。

右图：里卡尔多·莫兰迪（Riccardo Morandi），瓦伦蒂诺公园会堂（Parco del Valentino Hall），1959年

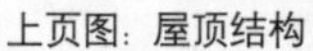

上页图：屋顶结构

左图：典型的街道市场（摄于内战前）

下图：康斯坦丁·梅尼科夫（Konstantin Melnikov），苏可哈雷瓦市场（Sukhareva Market），1924年

这一基本设计途径，将设计的成果集中在基础建设的层面上。连续而有韵律的屋面结构取得了一致性，使得多样化的城市生活得以在其下繁衍。值得一提的是，一旦提出了对于市场和其他建筑的初步建议，就显示出了这个方案的主要优越性，因为它预先确定了各种风格和各种功能会统一结合于整体框架之下。在建造过程中，它允许适当调整、逐渐实现和广泛的参与。这是一个乐观的方式，它确信重建城市的强烈愿望足以协调其中出现的复杂变化。

在环境中的透视图

总平面图

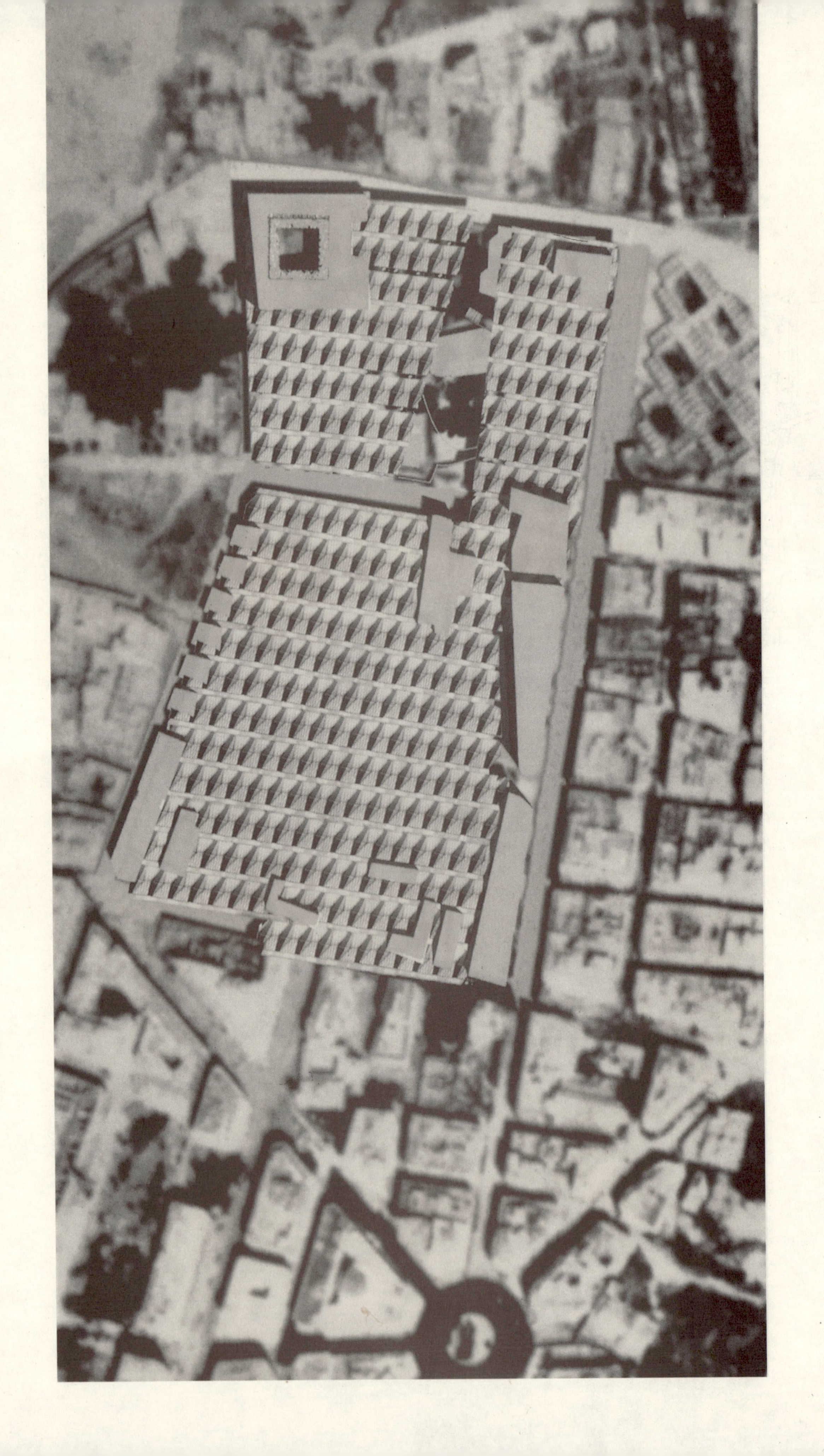

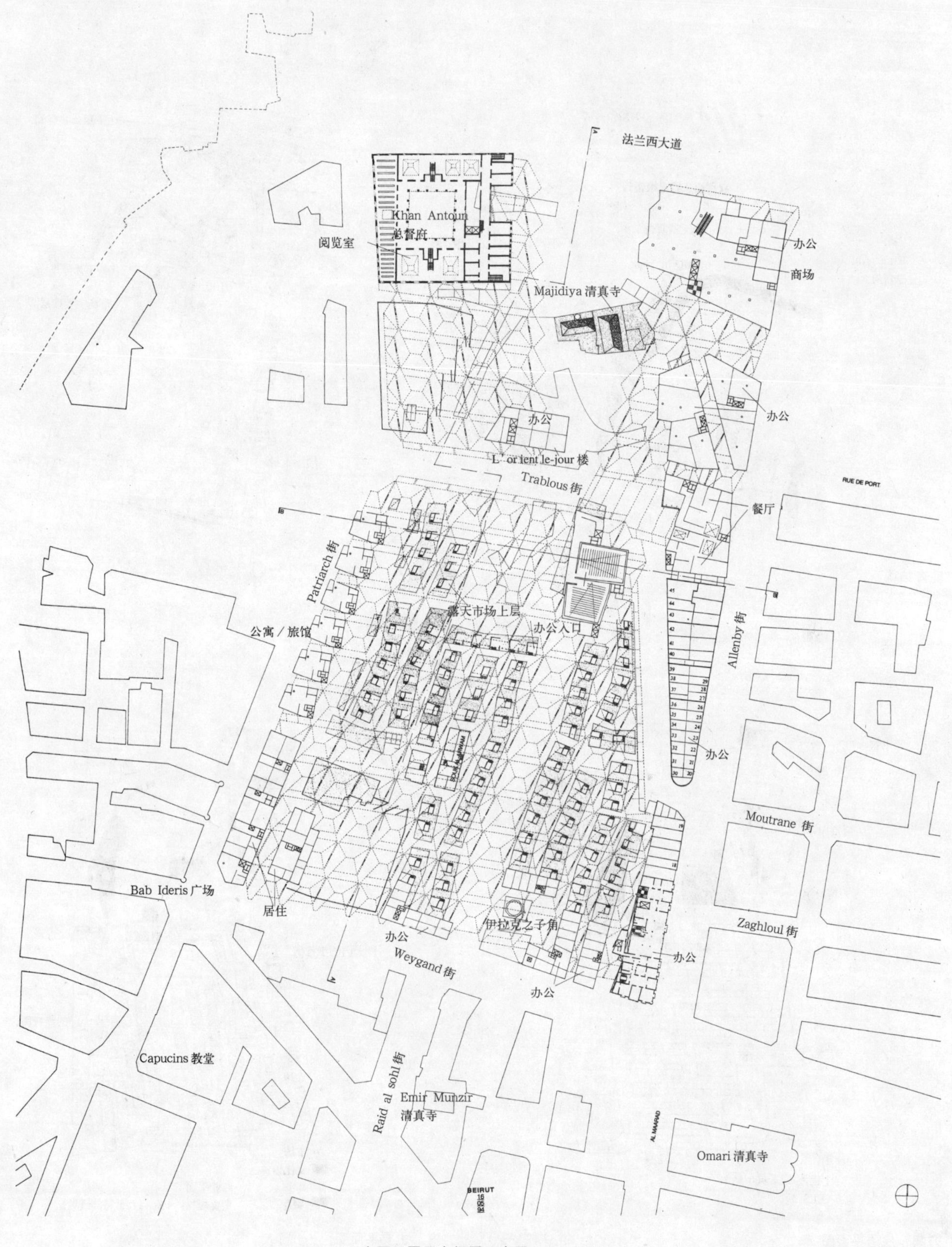

上图：露天市场平面布置

上页图：拼贴：环境中的屋顶平面图

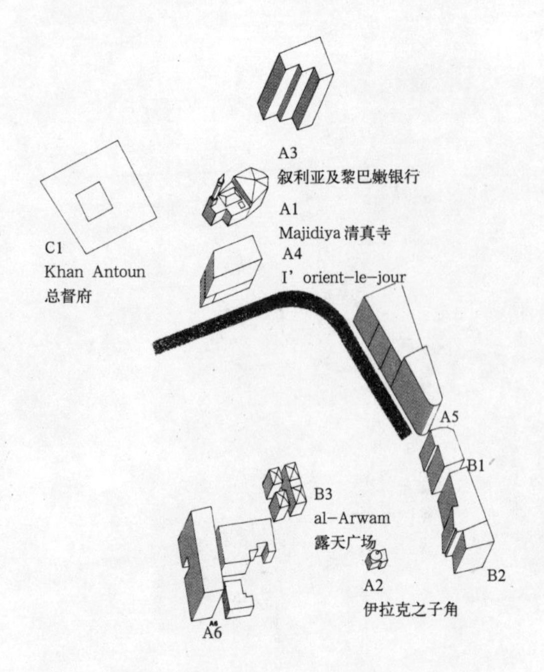

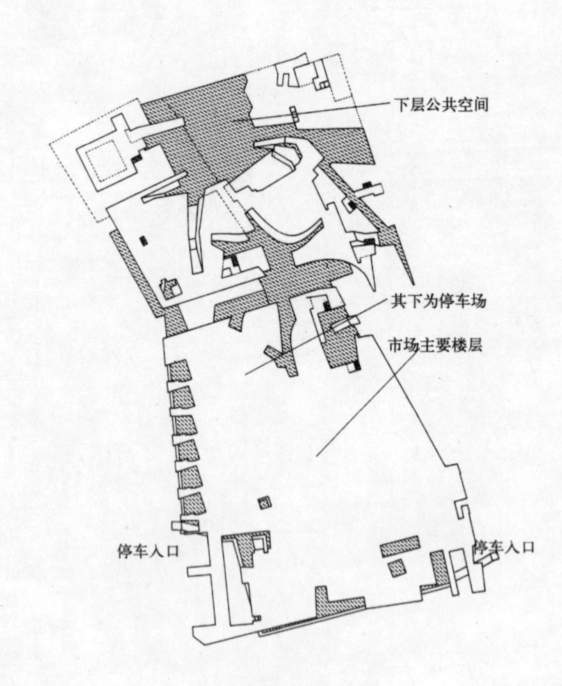

现有结构

新的表皮

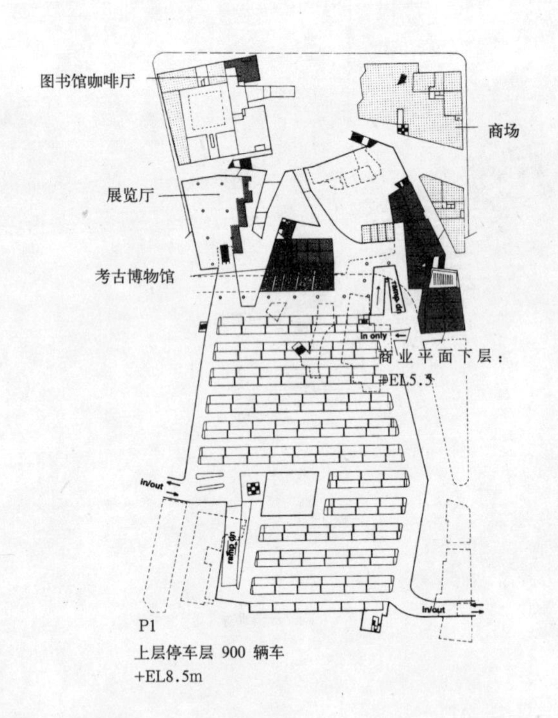

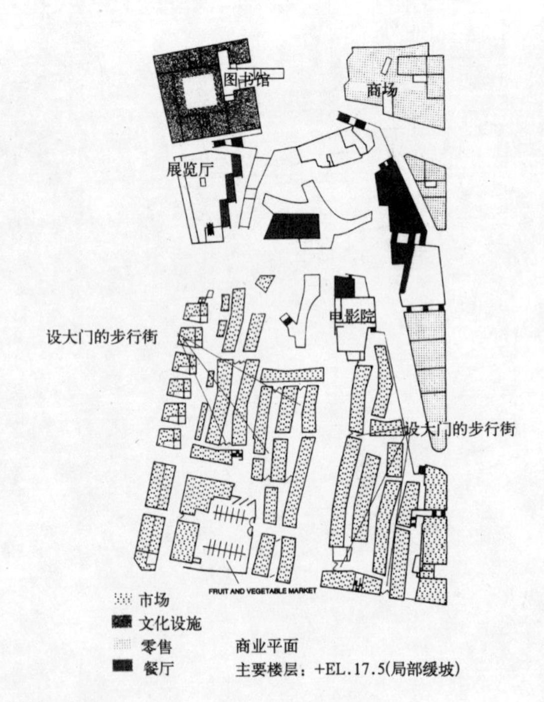

方案：底层平面图

方案：主要平面图

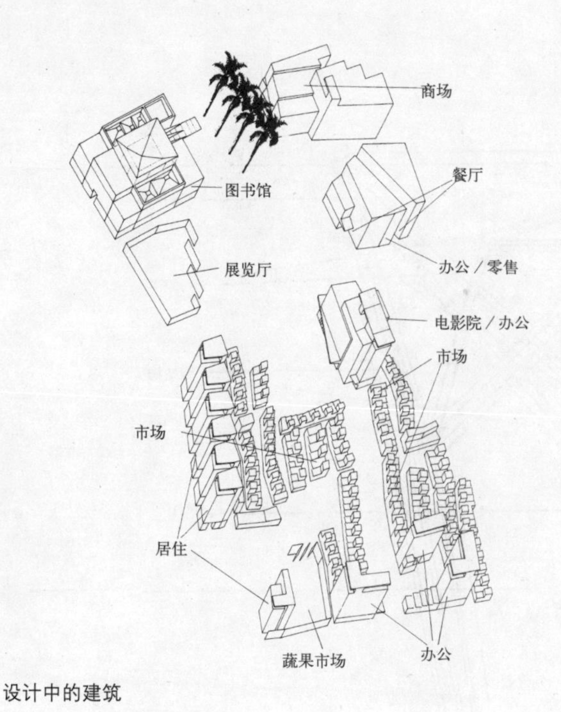

设计中的建筑

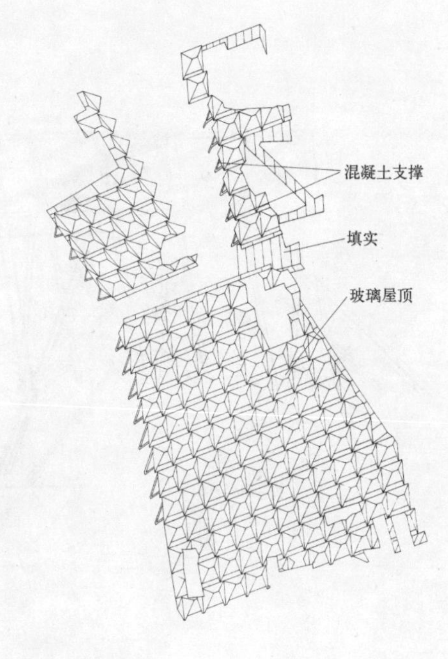

屋顶

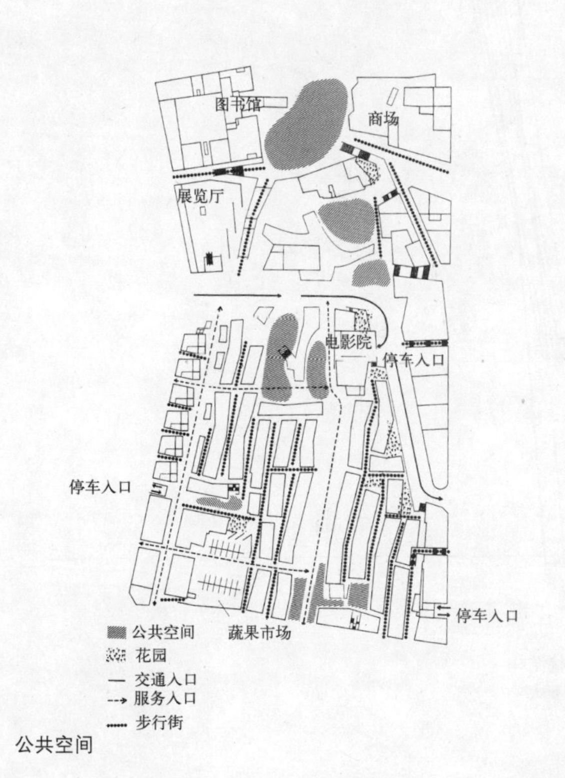

公共空间

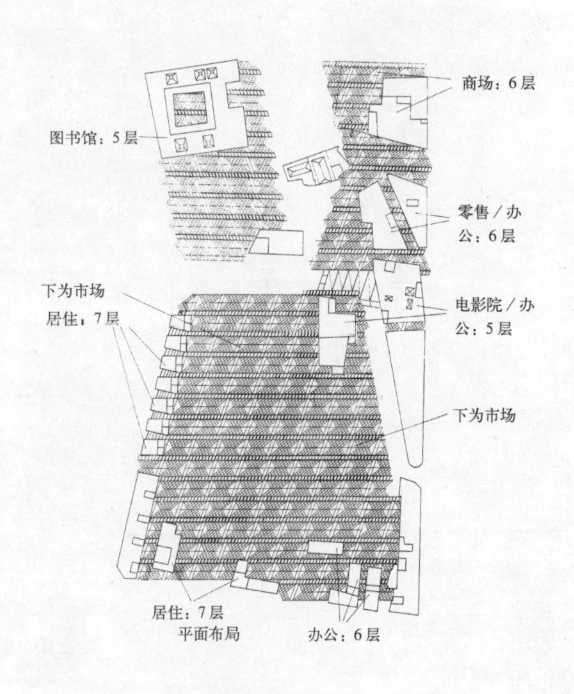

插入空间

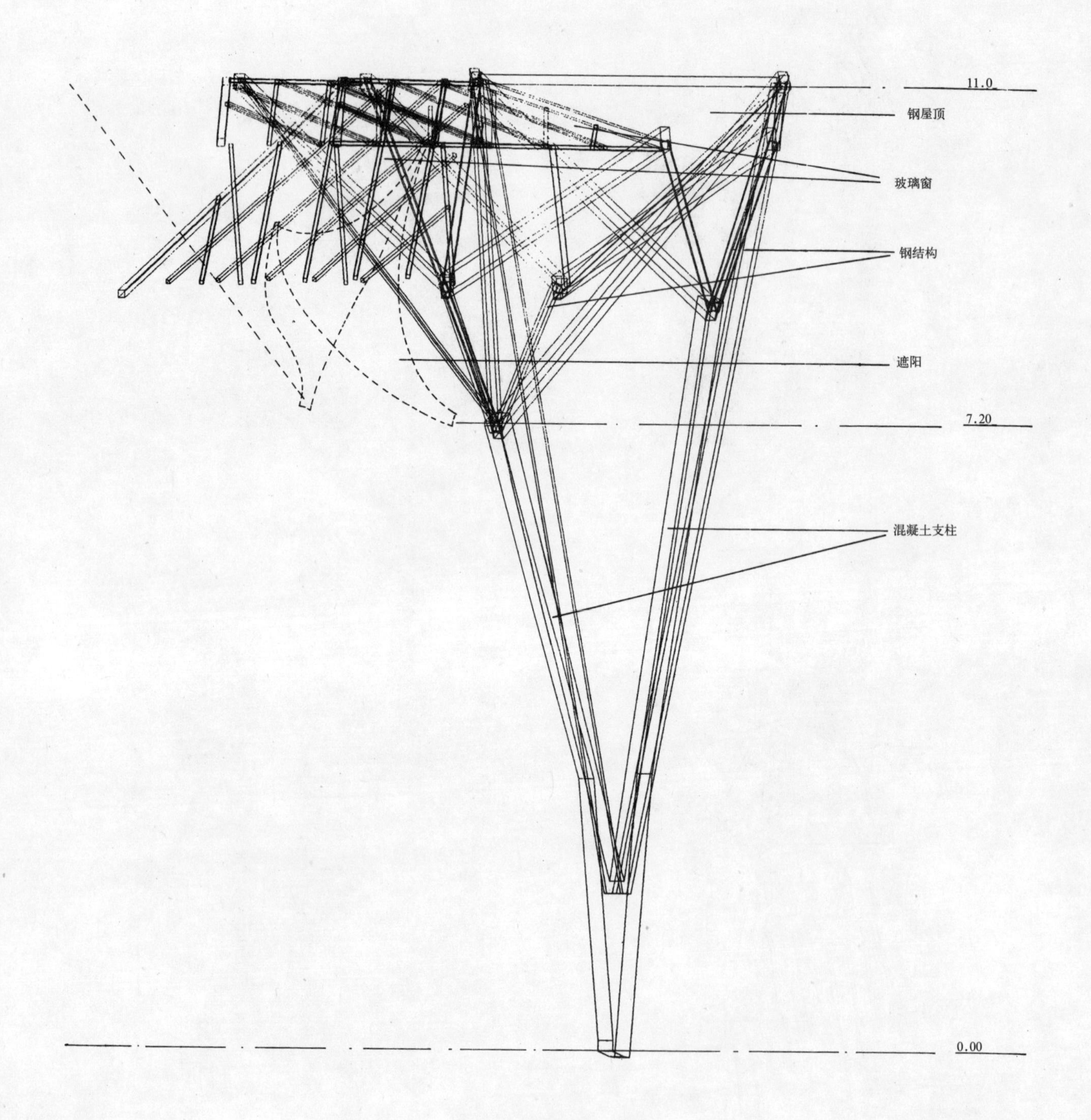

上图：立面细部：典型柱结构
下页图：模型细部（楼梯）

35.5
29.5
22.5
11.5
+5.6
00
法兰西大道
上为百货商场
保留城墙
Majidiya 清真寺
L'orient-le-jour 楼
Trablous 街
天窗

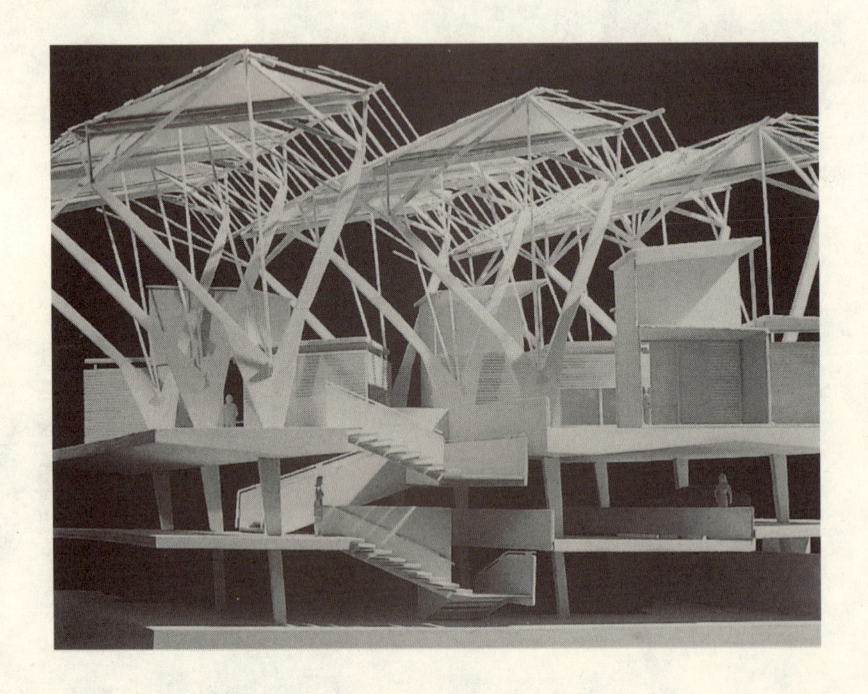

上图：纵向剖面图
下图：剖切模型

Weygrand 街

P1

P2

P3

上为电影院

玻璃屋顶

市场内轴

蔬果市场

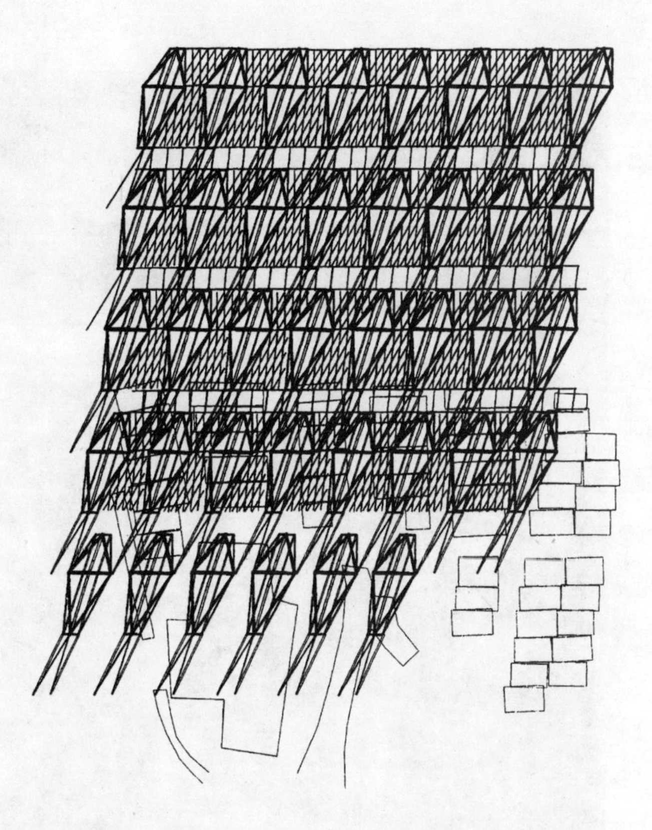

下图：屋顶单元组合

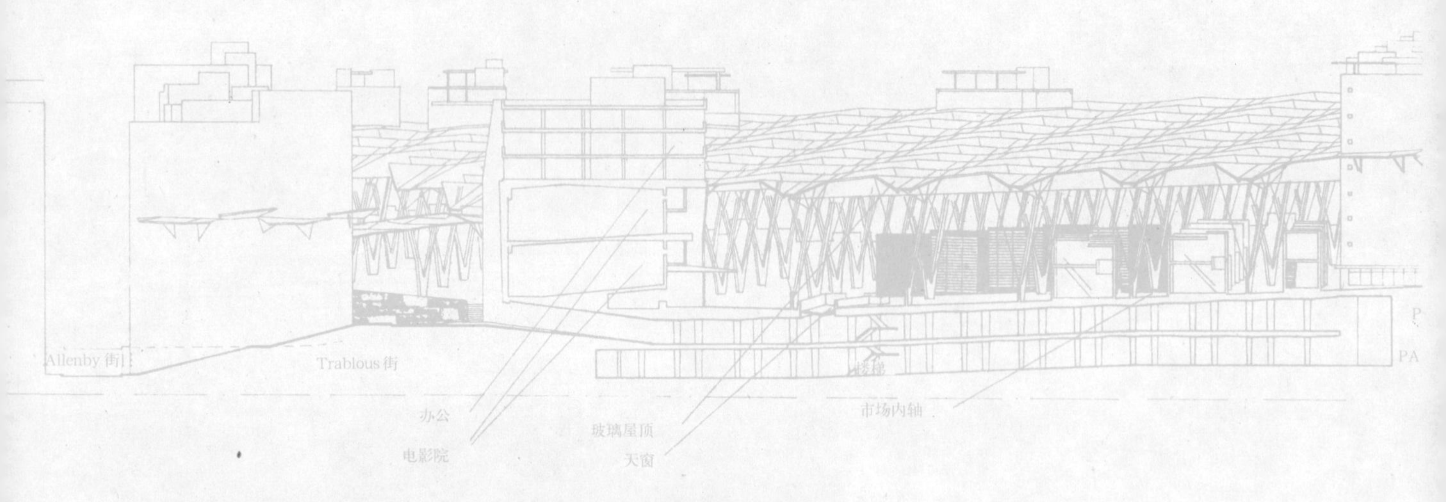

上图：横向平面
下图：研究单体
下页图：剖切模型

后勤服务区，巴塞罗那，西班牙

竞赛，1996 年

建筑师：斯坦·艾伦

协　助：瑟琳·帕芒蒂埃（Céline Parmentier）、坂本勉（Tsuto Sakamoto）、艾德里安·那彻瓦（Adriana Nacheva）、托埃斯·拉格伯杰格（Troels Rugbjerg）

《用户使用指南》（*User's Manual*）由诺娜·叶海亚（Nona Yehia）研究编写

巴塞罗那市政府计划改造Llobregat河并扩大其现有的码头设施，于1996年为紧邻新码头区的后勤活动区（ZAL）的设计举办了一个公开的国际竞赛。我们把这次竞赛视作检验基础建设城市主义潜力的一个机会。我们的设计方针主要是按照建筑的基本建设轨迹进行建设，在保持统一特性的前提下，可以提供灵活的发展：有指导性的场所，可以保证未来建筑中的生活不会受到阻碍；通过建筑手段，对未来建设施加最低限度的，也是精确的限制。

我们尽力避免郊区的混乱景象，但也没有沿用乡土聚落的模式，而是对城市边缘的开放区域采取了一种特殊的秩序。设计包括两种典型的方式：一是，根据自然现状和保存开放绿地的原则对地块进行划分；二是，采用持续的基本建设模式，以便在保持统一特性的前提下，获得灵活的发展。

尽管最初的设计是通过传统的表现手法（平面、剖面和模型）来进行的，项目的详细研究还需要借助于新的表现方式。我们运用图解、地图、乐谱和剧本等手段，预测用地内的建筑随时间而发生的变化，并将其编辑成《用户使用指南》。不进行规范、区划和行政等方面的限制，而利用基本设施的手段来限制未来发展的方式是可行的。因此，这里整理的符号图解并不是为了建立限制，而是为了设想多种计划概括，并且廓清它们之间的相互作用。这些符号并非是像解释形式和结果之间的行为程度那样，仅仅为了清楚表达建筑和活动之间确切的对应关系，而是会成为一种"松散适应"（loose fit）的组织和规划。

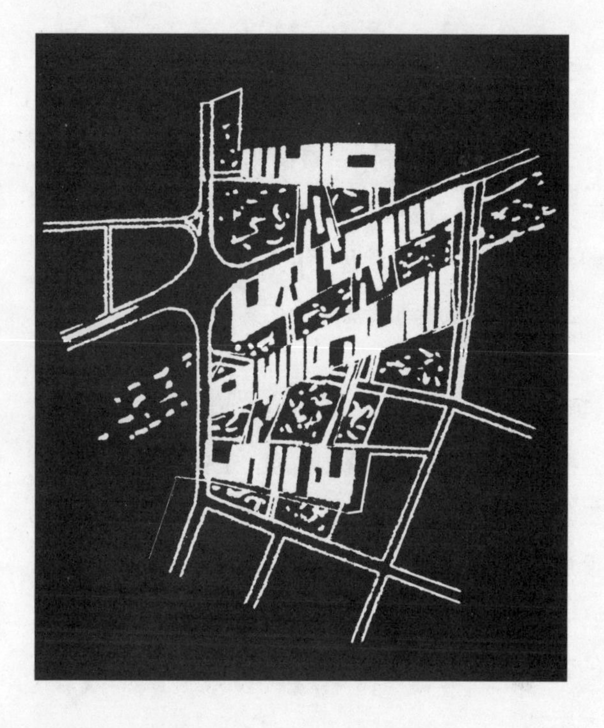

上图：表皮的草图
上页图：模型：屋顶结构

1．表皮

通过借用了景观生态学的概念，基地的现有表面被整合为"斑块"(patch)和"廊道"(corridor)。"斑块"被定义为非线形区域，在该项目中由绿地和建设区域组成新的项目，并鼓励将绿地恢复为本地生物的栖息地[1]。"廊道"则是基础设施穿过的通路，包括了运动、服务和功能。这两个系统的叠加产生了自然和人造表皮的相互镶嵌。

2．运动

边界和通路的连接形成现有的城市循环体系。为了保证ZAL连接的便利，一级循环建立在不间断的东西向道路上，而二级循环则结合分隔斑块的地区间道路网络构成。支撑连续屋面的网架结构有一定的高度，上层的步行活动层就设置在其中。

3．规划

提出了四个主要的规划内容：**工作**（为艺术家和手工艺者提供的工作室和作坊）；**展示**（展室和其他展览设施）；**服务**（辅助交通，旅馆和办公空间）；**休憩**（为休闲和活动而设置的运动设施、开放绿地等）。单个的斑块被设计为相对容易到达和连接，并且靠近服务设施。

4．斑块分类

没有以特定的设计来规定基地未来的功能分布，而是提出了一系列宽松的编制分类的方式。根据密度和组织形式，斑块可以容纳栖息、屏蔽、过滤、发源和沉淀等未来的功能。建筑所具备的尺度和密度决定了可能的规划。

5．基础建设

斑块内的建筑空间通过一系列连续的屋顶结构连接，支撑屋顶的是细钢柱组成的规则网格。这一基本单元模式是可变而灵活的。轻质材料可作为需要遮蔽

上图：基地现状
下页图：平面：各种模式的拼贴

的公共空间和室外服务区域的屋面层，在设置了建筑的区域，它可以作为引入光线的部分或服务空间被整合到结构系统中。

以乐观的角度审视该用地，这一项目使得不同的建筑师、机构和个人等能够参与到基地的建设中来。在它所谋求建立的务实的框架中，这一集体的贡献可以得到统筹和协调。设计不是通过区域规划的行政手段或者规范，而是寻求对未来的建设制定一个详尽的技术和手段的限制。通过建立一个在建筑上具备清晰特性，而在规划内容上并未确定的建造环境，基地未来的建设可以自由地发展，超脱了总体规划僵硬的限制。

注释

1．"我们可以将'斑块'定义为非线形区域，以区别于它周围的环境形象……地块经常根植于'基质'中，即一个具备不同的物种、结构和占据形式的环境。"理查德·T·T·福尔曼（Richard T.T.Forman）、迈克尔·戈德龙（Michael Godron）：《景观生态学》，纽约，Wiley出版社，1986年，第83页。

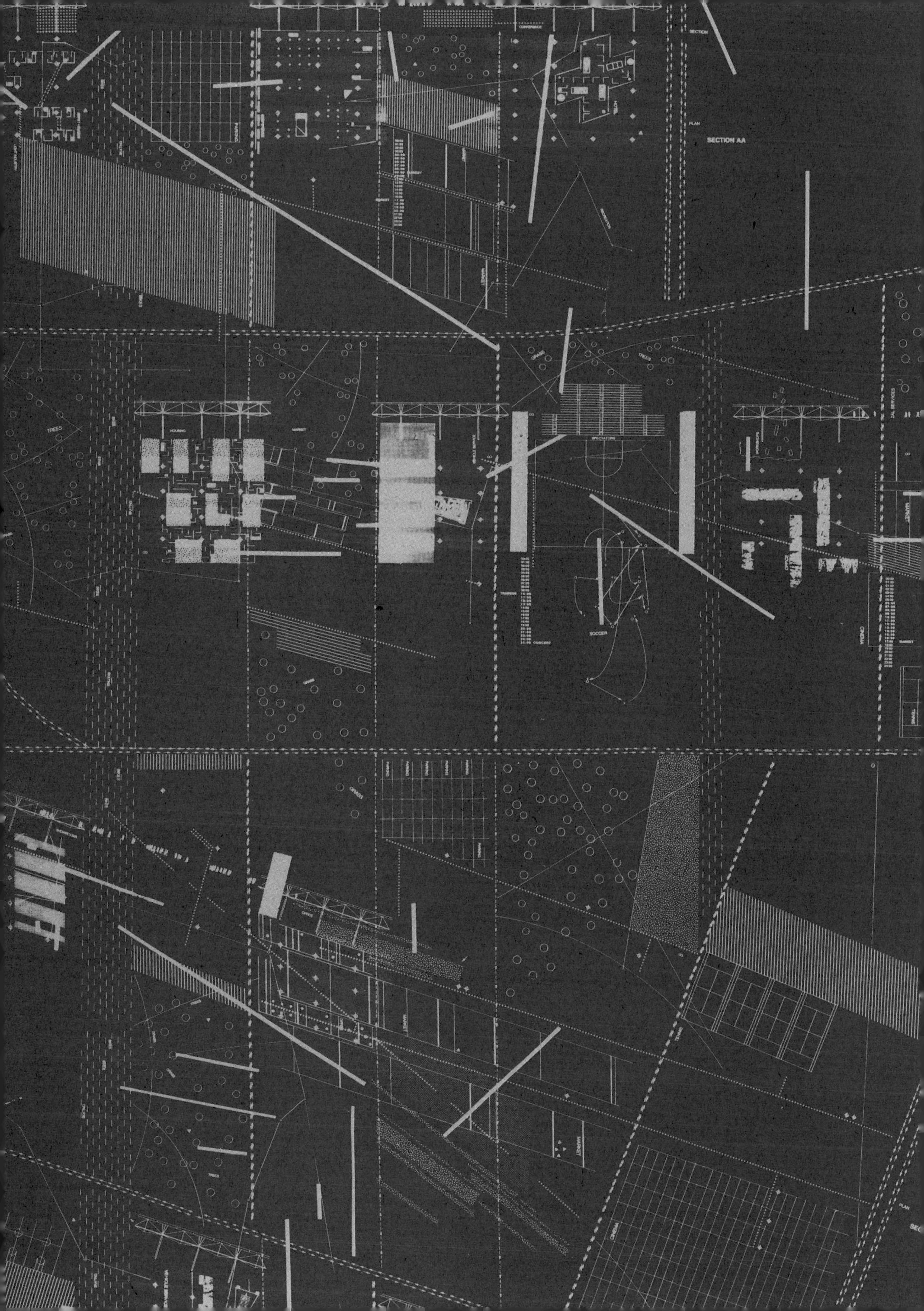

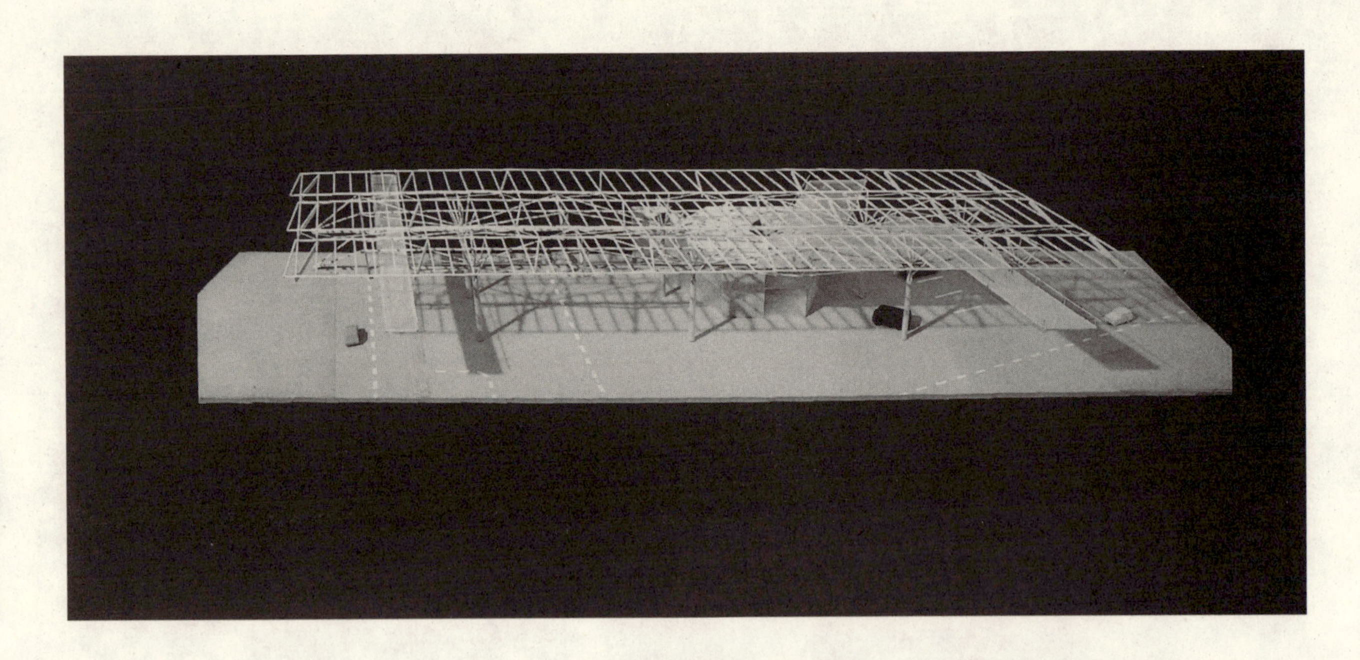

上图：部分模型
右图：从下往上看屋顶
第 83～95 页：《用户使用指南》

巴塞罗那用户手册

1.表面
表面的划分和分配

1A 斑块
1B 基质
1C 镶嵌
1D 内容

2.服务
支援未来规划的服务供应

2A 通道
2B 规划
2C 流动/移动/交换
2D 服务栅格

3.组织
空间和形式模型

3A 边缘和界线
3B 联合
3C 通道和连通性
3D 网络

4.结构
各种建构形式分类

4A 基本屋顶结构
4B 占用结构
4C 空间/构架
4D 屋顶类型

5.重复
类型与计划

5A 细部设计元素
5B 斑块类型 1
5C 斑块类型 2
5D 场地—变异/重复

6.预测
随时间改变当地的生活方式

6A 成果平台
6B 被动计划
6C 主动
6D 规划评价

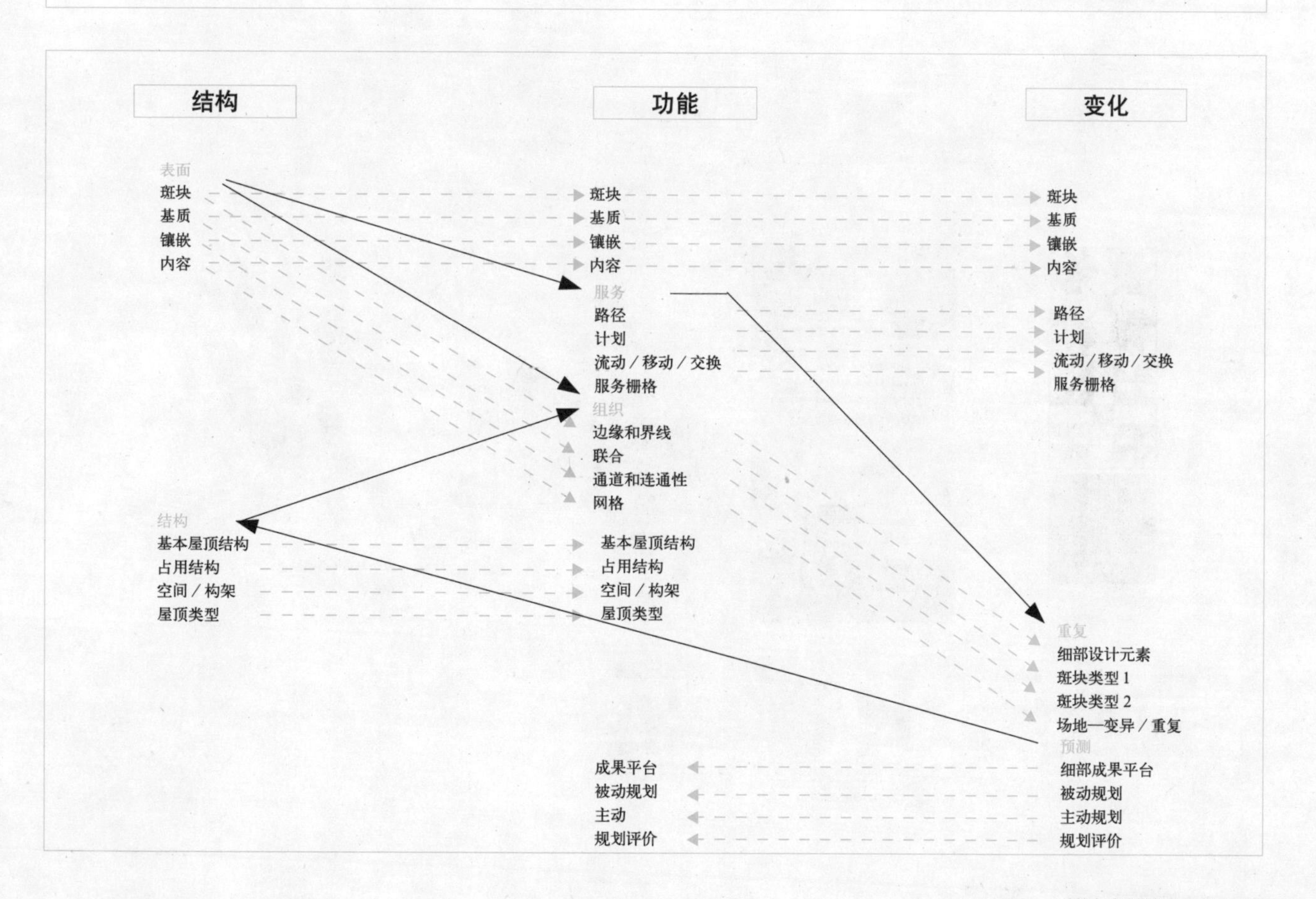

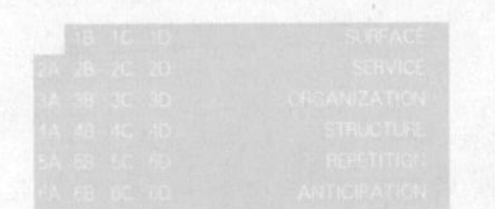

1A
表面
斑块

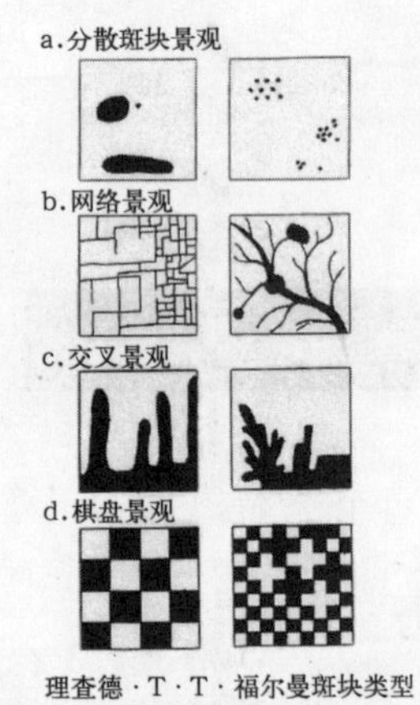

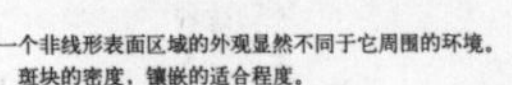

理查德·T·T·福尔曼斑块类型

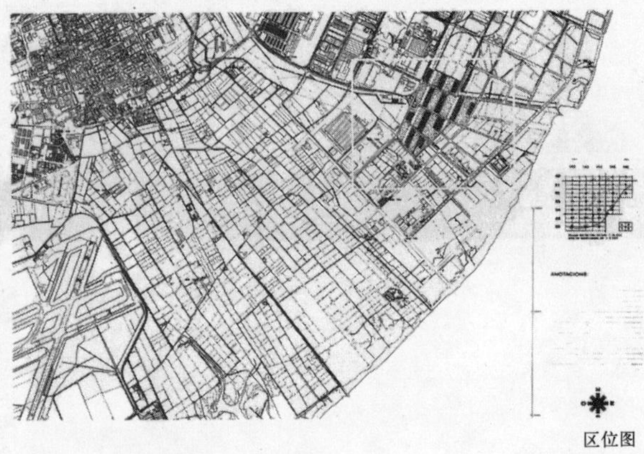

斑块：一个非线形表面区域的外观显然不同于它周围的环境。
斑块性：斑块的密度，镶嵌的适合程度。
扰动斑块：在某一基质中被打乱的区域。
斑块反复：斑块出现和消失的速度。
短暂斑块：由动物的群体活动或是低密度造成的区域，基质内环境因素中的短暂波动。

1. 基础建设工作，不是为了在给定的地块内设计个别房屋，而是要建设这个场地本身。基础建设为未来的房子准备土地，为未来的成果创造环境。

1. 表层的划分、分配和建设
2. 为未来的计划提供服务
3. 创建移动、交流和交换的网络

基础建设的媒介是地貌。

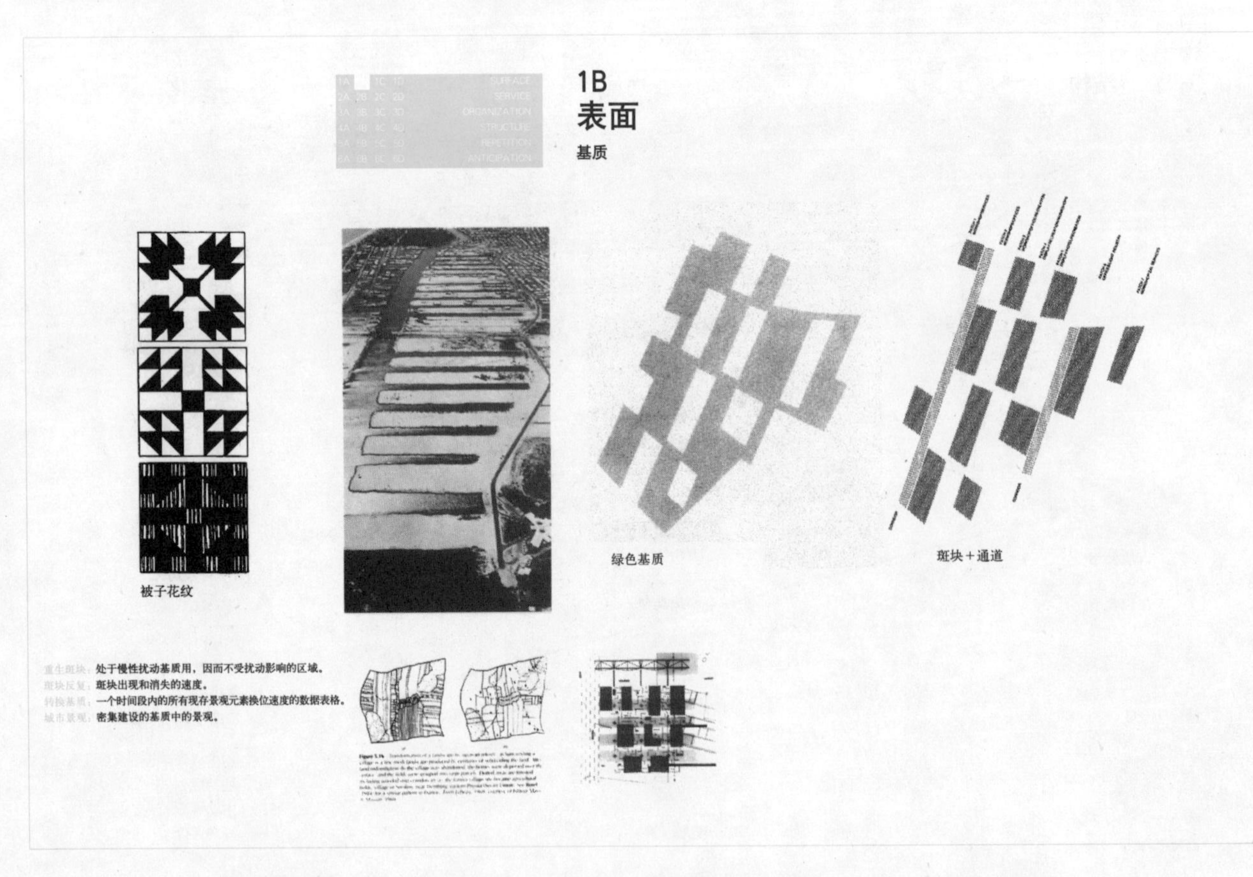

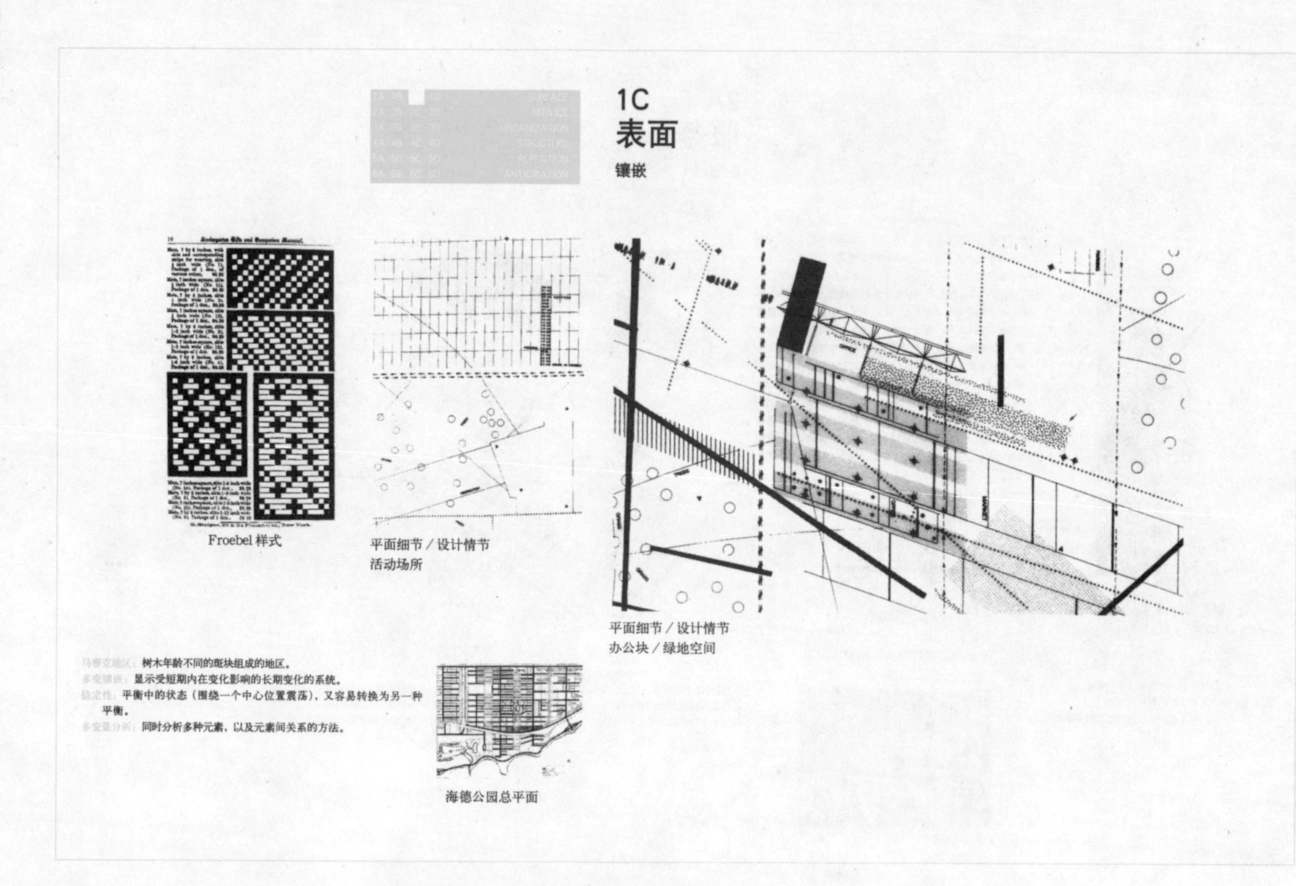

1C
表面
镶嵌

Froebel 样式

平面细节／设计情节
活动场所

平面细节／设计情节
办公块／绿地空间

马赛克地区：树木年龄不同的斑块组成的地区。
多变镶嵌：显示受短期内在变化影响的长期变化的系统。
稳定性：平衡中的状态（围绕一个中心位置震荡），又容易转换为另一种平衡。
多变量分析：同时分析多种元素，以及元素间关系的方法。

海德公园总平面

1D
表面
内容

基地全景

宽度影响：一种受景观元素宽度影响的物种分布形式。
区域行为：为了对抗同一物种中的其他个体入侵，而形成的某个特定小区域的建立和防卫。

城市文脉图解

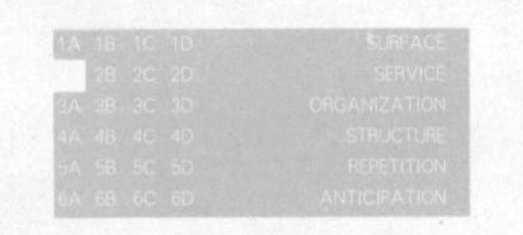

2A 服务

通道

注解：

传统的表达方式偏向于使用静止的物体和固定的主题。但是当代城市不能简单地简化为某种固定模式。城市是一个可见和不可见的信息、资产和物体流在一个复杂的形式中进行相互作用的地方。它们形成了一个发散的场所，一个流动的网络。为了表述或是参与到这一新的场所中去，我们需要具像的技术以加入时间、变化、变换的尺度、移动的点和各种计划。为了描绘这种复杂性，需要放弃一些控制手段的测量标准。将建筑的表达方式扩展到乐谱、地图、图解和剧本，这可以建立一个与电影、音乐和表演等其他艺术相交流的基础。乐谱可以在多种尺度、变换的坐标，甚至不同的语言编码中，顾及到同时发生的表现和信息的相互影响。而剧本则使得设计师可以控制某个具体建筑项目的规划、结果和时间。新的地图和图解则运用当代城市复杂的动力学，提出了新的工作方法。

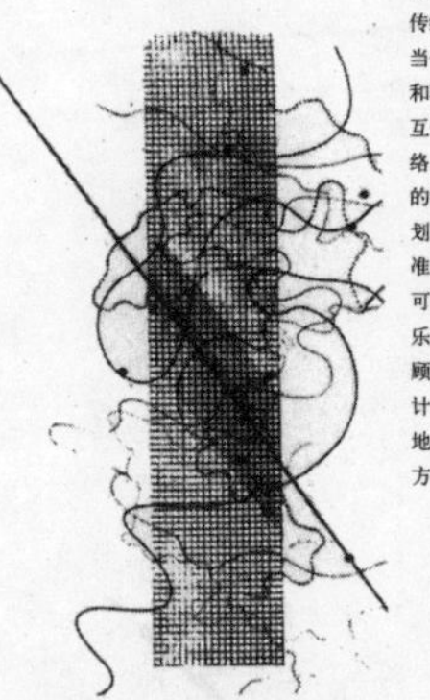
约翰·凯奇（John Cage）所作 Fontana Mix 的乐谱

网络循环：网络中循环线路所表现的程度。
网络复杂：网络中连接和循环的结合。
网络连接：系统中所有的节点通过通道联系的程度。

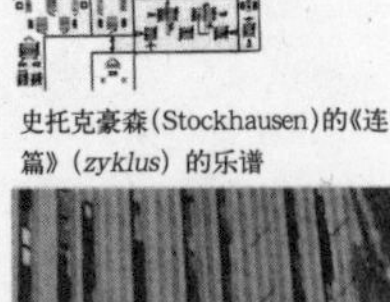
史托克豪森（Stockhausen）的《连篇》（*zyklus*）的乐谱

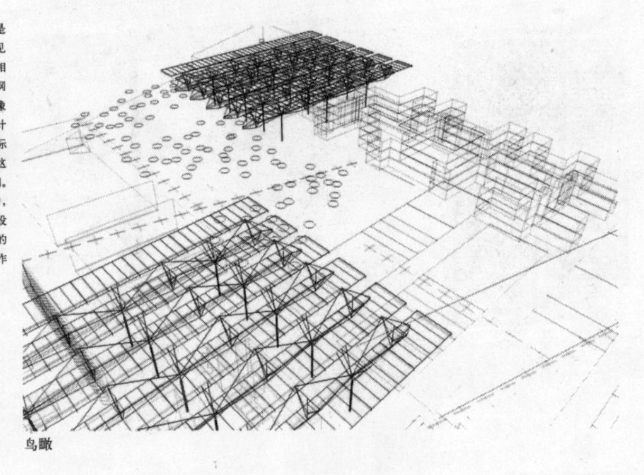
鸟瞰

2. 基础建设工作承认城市的聚集本质，允许多种创造者参与建设。基础建设通过关注服务、通路和建造等方面（自下而上），而不是建立规则或规范（自上而下），为城市未来的建设提供方向。基础建设创建了有指导性的场所，让不同的建筑师和设计师在一定的技术和物质限制下进行创作。基础建设本身的实施是有战略性的，但它鼓励战术上的创造性。

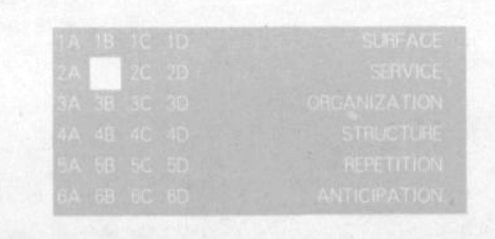

2B 服务

规划

市场服务

相关独特性：衡量某一特征在从局部到全球的不同范围内，存在多少相似的例子。
抵御：系统反对环境变化和潜在扰动，以抵挡和阻止变化的能力。

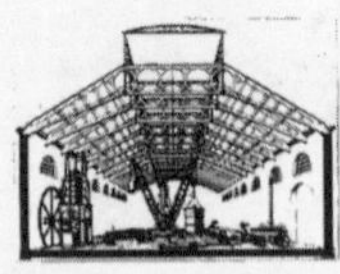
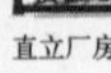
直立厂房

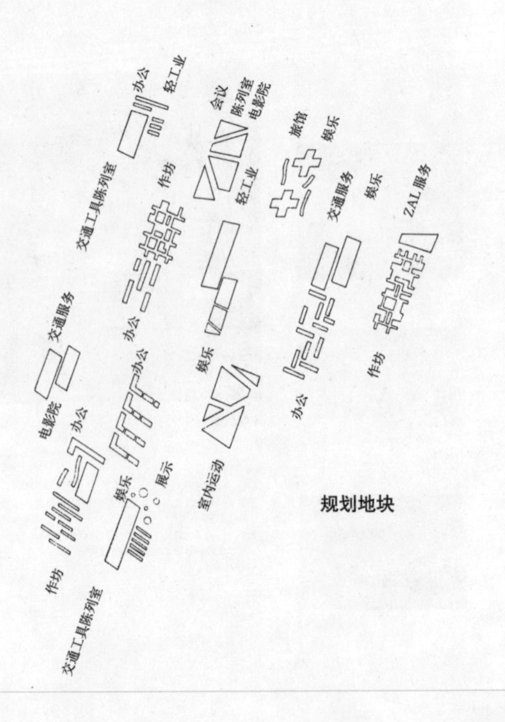

规划地块

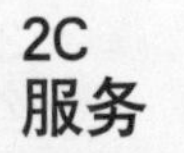

2C
服务
流动／移动／交换

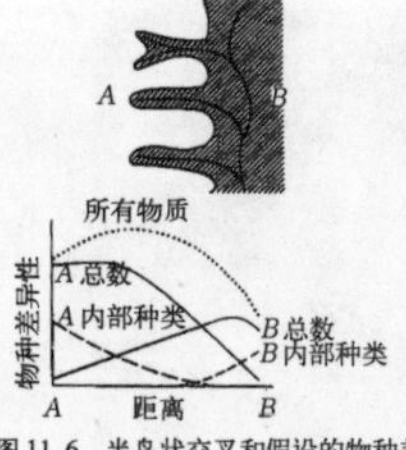

图11.6 半岛状交叉和假设的物种差异性模式。

A和B是两种生态系统类型，分别被称为高地和低地。这一图形表明假设的平均物种差异性（物种的数量）是基于对许多穿过地区的水平线取样的结果。在这个例子中，A的高密度对于B有绝对的优势。

模型细部

铁道交换

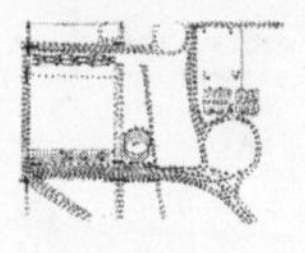

康（Kahn）的流线图解

2.尽管其自身是静态的，基础建设组织并管理着流动、运转和交流等复杂的系统。它们不光提供了交流的网路，也通过锁、闸门、阀门这些系统来控制和调节流动。

2D
服务
服务栅格

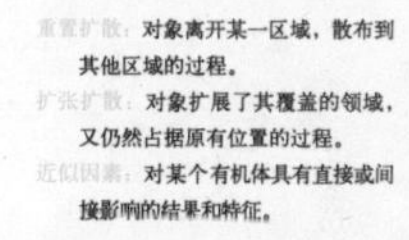

重置扩散：对象离开某一区域，散布到其他区域的过程。

扩张扩散：对象扩展了其覆盖的领域，又仍然占据原有位置的过程。

近似因素：对某个有机体具有直接或间接影响的结果和特征。

步行道路

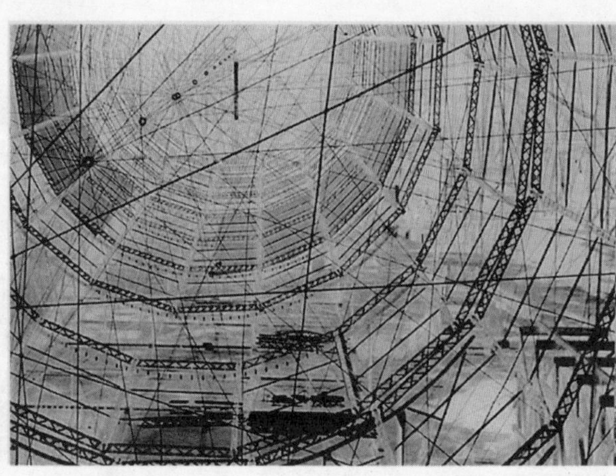

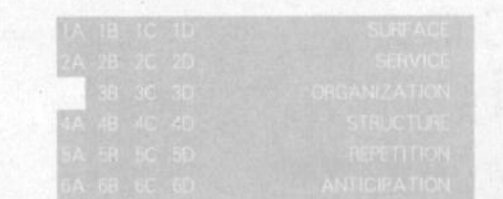

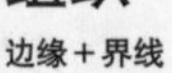

3A
组织

边缘＋界线

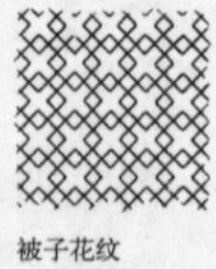

被子花纹

9.水晶晶格：引自 Johann Killian, Der Kristall (Berlin：P.Zsolnay. 1937), p.142,ill. 33.由路德维希·密斯·凡·德·罗惠赠。

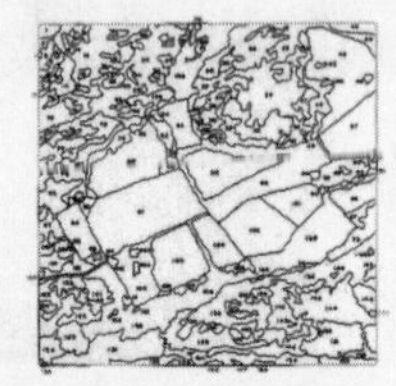

图 95　多变形编码

基地航拍图

3. 基础建设既协调了局部的偶然性，又保证了整体的连续性。例如在设计公路、桥梁、运河和引水渠的设计中，就有类型广泛的策略来控制不规则的地形 [转弯路 (dogleg)、高架路、四叶苜蓿立交桥 (cloverleave)、之字路 (switchback) 等]，在保证功能连续的前提下，创造性地协调现状地形的不规则。不过，基础建设默认的环境是规律的——在沙漠中，公路就沿直线伸展了。基础设施建设超越了所有的实用主义。因为运作的方式是功能化的，它就不会牵扯到形式的争执中。设计者关心的，既不是（理想化的）规则，也不是（分裂的）无规则，因此可以自由采用任何适应于某一特定环境的方式。

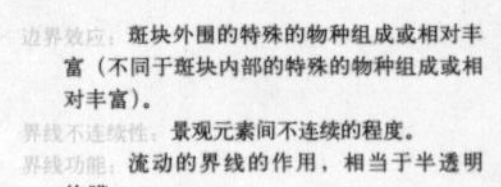

边界效应：斑块外围的特殊的物种组成或相对丰富（不同于斑块内部的特殊的物种组成或相对丰富）。

界线不连续性：景观元素间不连续的程度。

界线功能：流动的界线的作用，相当于半透明的膜。

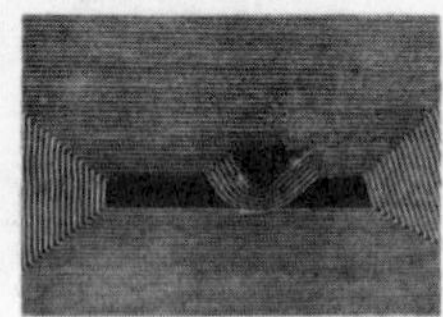

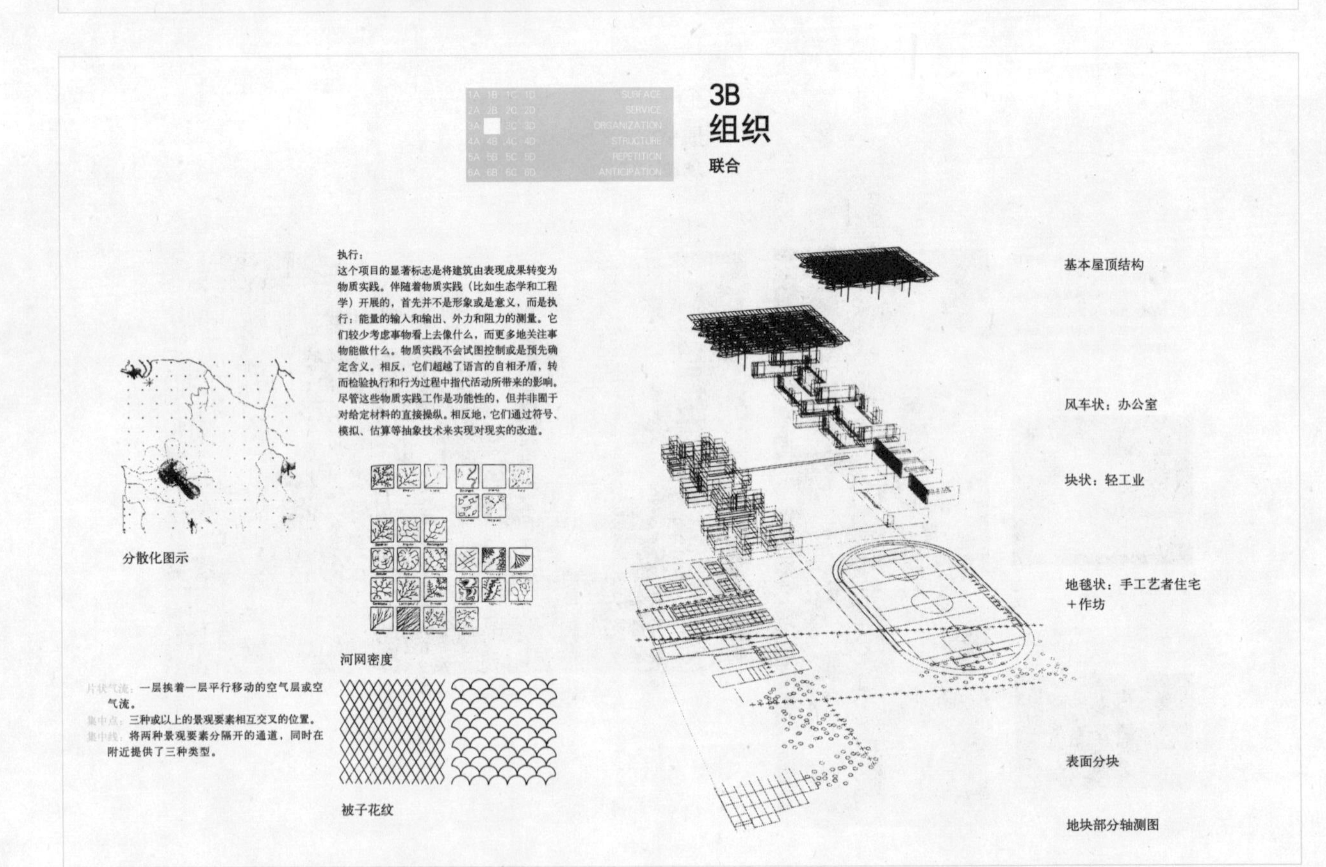

3B
组织

联合

执行：

这个项目的显著标志是将建筑由表现成果转变为物质实践。伴随着物质实践（比如生态学和工程学）开展的，首先并不是形象或是意义，而是执行：能量的输入和输出、外力和阻力的测量。它们较少考虑事物看上去像什么，而更多地关注事物能做什么。物质实践不会试图控制或是预先确定含义。相反，它们超越了语言的自相矛盾，转而检验执行和行为过程中指代活动所带来的影响。尽管这些物质实践工作是功能性的，但并非囿于对给定材料的直接操纵。相反地，它们通过符号、模拟、估算等抽象技术来实现对现实的改造。

分散化图示

河网密度

片状气流：一层挨着一层平行移动的空气层或空气流。

集中点：三种或以上的景观要素相互交叉的位置。

集中线：将两种景观要素分隔开的通道，同时在附近提供了三种类型。

被子花纹

地块部分轴测图

3C 组织

通道和连通性

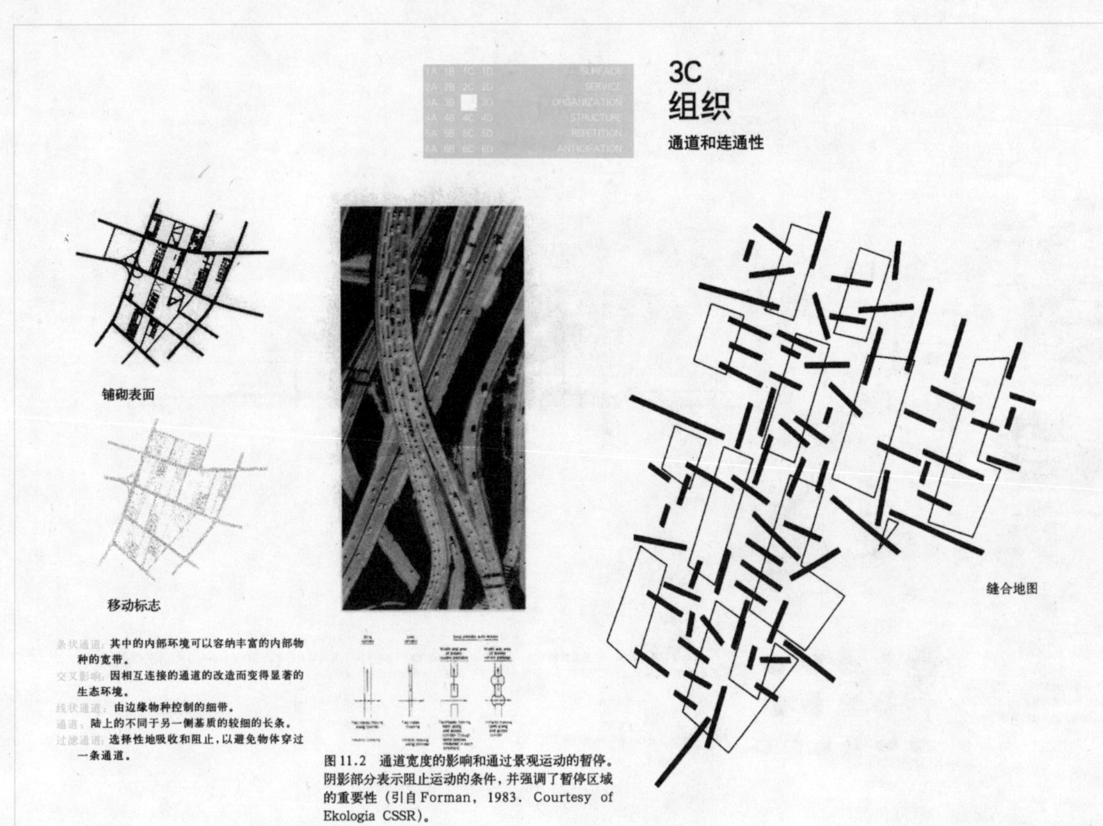

条状通道：其中的内部环境可以容纳丰富的内部物种的宽带。

交叉影响：因相互连接的通道的改造而变得显著的生态环境。

线状通道：由边缘物种控制的细带。

通道：陆上的不同于另一侧基质的较细的长条。

过滤通道：选择性地吸收和阻止，以避免物体穿过一条通道。

图 11.2 通道宽度的影响和通过景观运动的暂停。阴影部分表示阻止运动的条件，并强调了暂停区域的重要性（引自 Forman，1983. Courtesy of Ekologia CSSR）。

3D 组织

网络

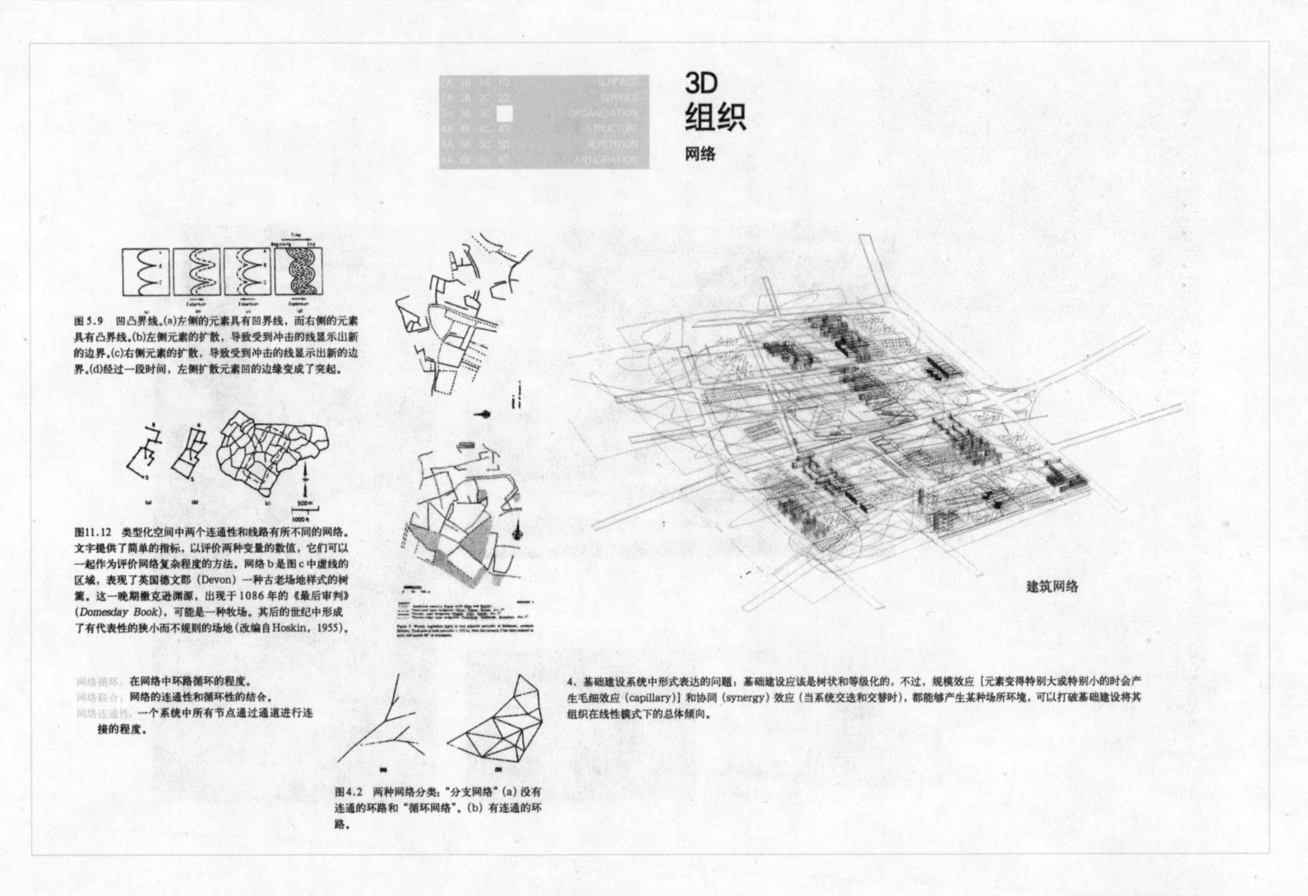

图 5.9 凹凸界线。(a)左侧的元素具有凹界线，而右侧的元素具有凸界线。(b)左侧元素的扩散，导致受到冲击的线显示出新的边界。(c)右侧元素的扩散，导致受到冲击的线显示出新的边界。(d)经过一段时间，左侧扩散元素凹的边缘变成了突起。

图11.12 类型化空间中两个连通性和线路有所不同的网络。文字提供了简单的指标，以评价两种变量的数值，它们可以一起作为评价网络复杂程度的方法。网络 b 是图 c 中虚线的区域，表现了英国德文郡（Devon）一种古老场地样式的树篱。这一晚期撒克逊渊源，出现于 1086 年的《最后审判》(*Domesday Book*)，可能是一种牧场。其后的世纪中形成了有代表性的狭小而不规则的场地（改编自 Hoskin，1955）。

网络循环：在网络中环路循环的程度。

网络联合：网络的连通性和循环性的结合。

网络连通性：一个系统中所有节点通过通道进行连接的程度。

图4.2 两种网络分类："分支网络"(a) 没有连通的环路和"循环网络"。(b) 有连通的环路。

4. 基础建设系统中形式表达的问题：基础建设应该是树状和等级化的，不过，规模效应［元素变得特别大或特别小的时会产生毛细效应（capillary）］和协同（synergy）效应（当系统交迭和交替时），都能够产生某种场所环境，可以打破基础建设将其组织在线性模式下的总体倾向。

4A
结构
基本屋顶结构

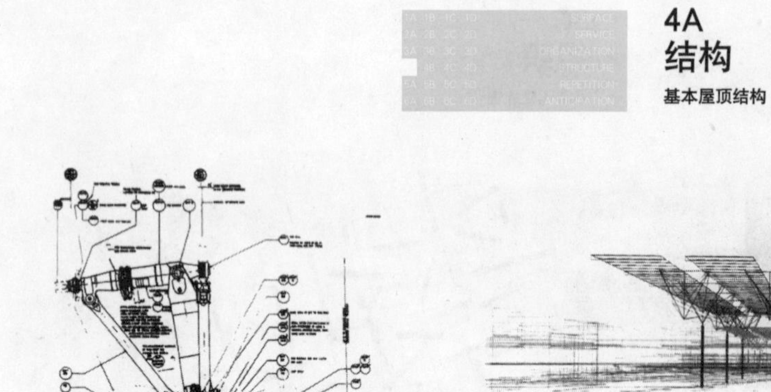
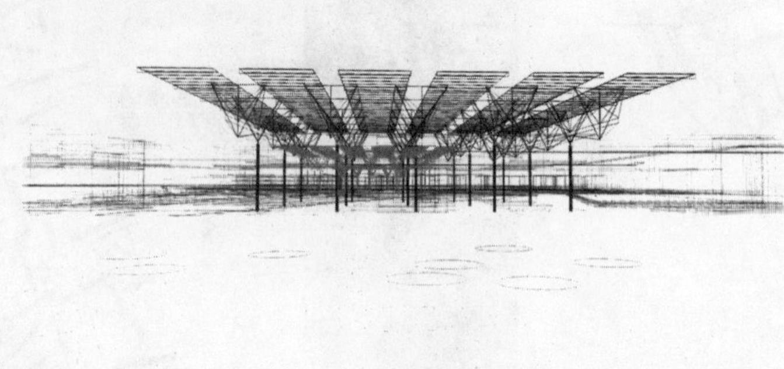

网状图案：由线性图案相互连接，形成通路和环线组合而成的结构。
断裂点：某一力量摧毁一个系统的起始点。
扰动组织：在各类生态系统共同组成的群体中，标志每种生态系统特征的其混乱（扰动）的强度、频率和类型。

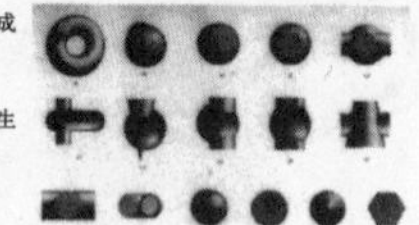
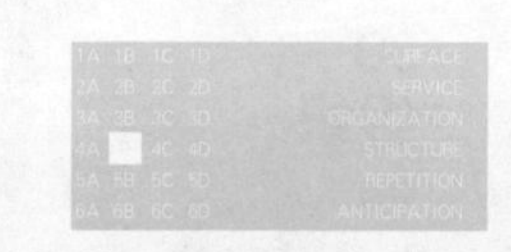

4. 基础建设系统如人工生态系统般运转。它们控制场地内能量和资源的流动，并且调整栖息地的密度和分配方式。它们创造必要的环境来满足对可利用资源不断增长的需求，改变居住状态来适应环境的条件。

4B
结构
占用结构

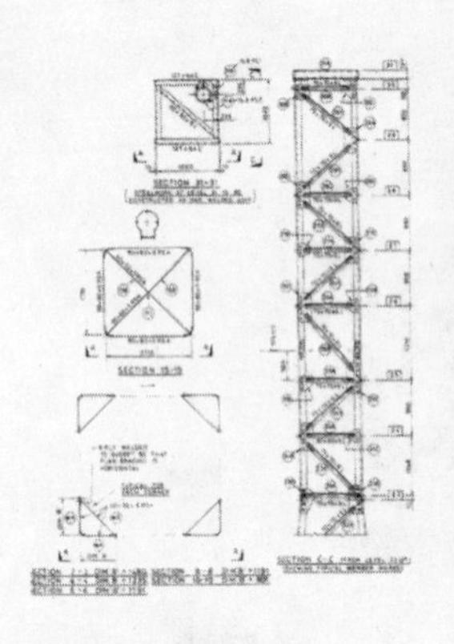

沉积：生物体或结构的逐渐增长。
胶粘剂：会影响到土壤粒子聚集的有机物、酸性和根系等的数量。
系统分析：对复杂系统模型成分之间的行为和相互作用所作的研究。
真实合成：让物体的局部或成分在混合中发生转变，形成新的形式的操作。

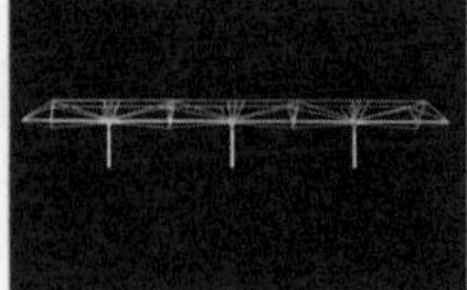

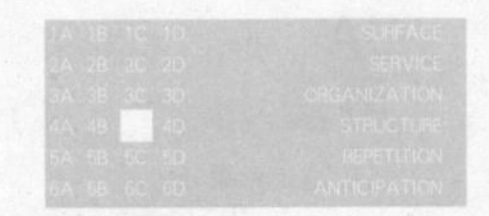

4C
结构

空间／构架

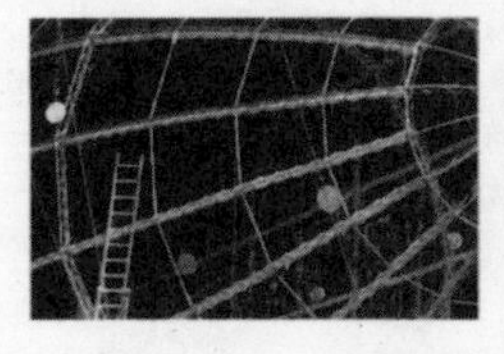

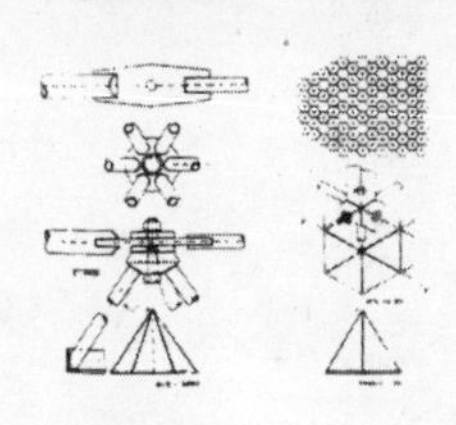

节点：

a) 一个斑块和一个通道相连，二者都属于同样的景观元素类型。

b) 通道的一个交叉点，或是物体流的源头和接收器。

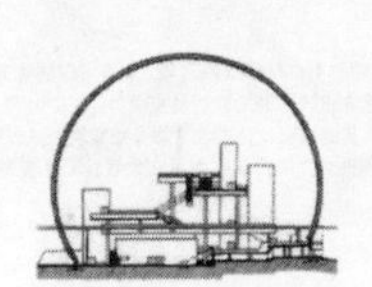

福勒（Fuller）所做的世界博览会建筑

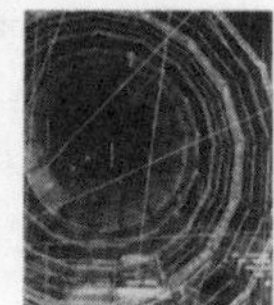

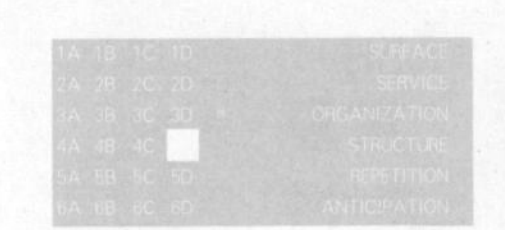

4D
结构

屋顶类型

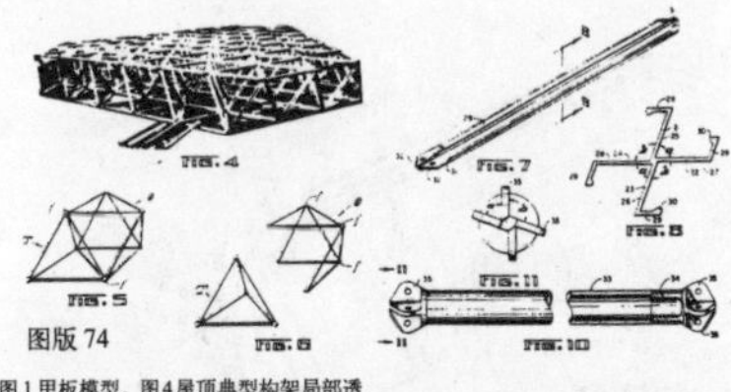

图版 74

图1甲板模型。图4屋顶典型构架局部透视和墙体结构。图5八面体和四面体结合的构架。图6单独看八面体和四面体单元。图7透视

图4和图8中的一个支杆。图7和图10中的交叉点。图11 改造后的支杆的一侧。图10 支杆的一端。

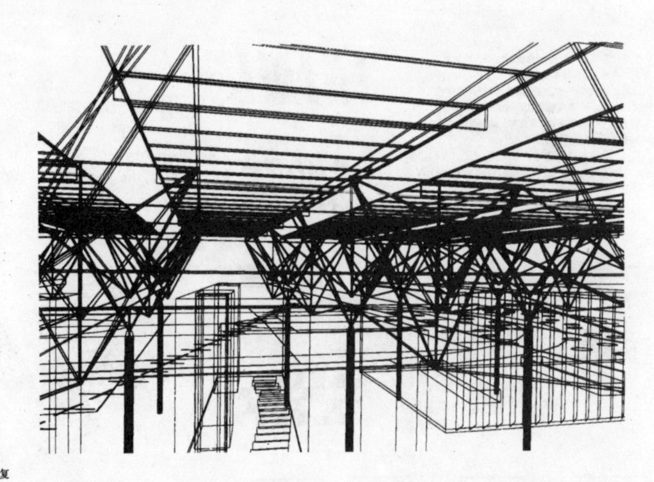

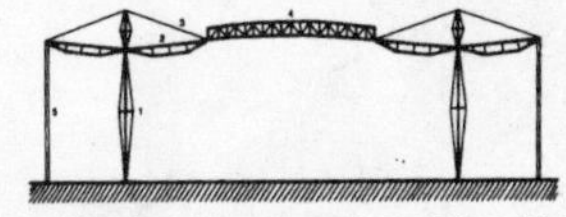

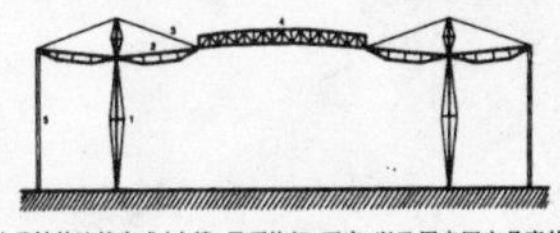

这一建筑关注柔性的连接方式（支撑、屋顶构架、天窗，以及用来固定悬索的钢结构）。天窗作为结构结合到结构构架中：铝和玻璃组成的立面挂在悬挑的构架上。

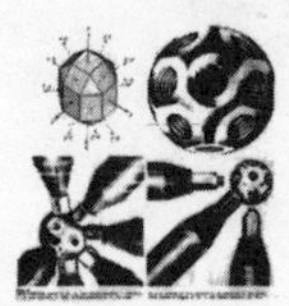

弹性极限：当力小于这一极限点时，系统可以恢复到它的初始状态，而大于该点，系统将会发生变形。

层次：由较小的集合逐层构成的一系列较大集合。

多元分析：同时分析多种元素以及元素之间关系的方法。

持久性：稳定性的测量标准，即某一特征能够持续保持在一个给定的水平上的时间段。

5A
重复
细部设计元素

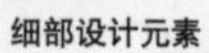

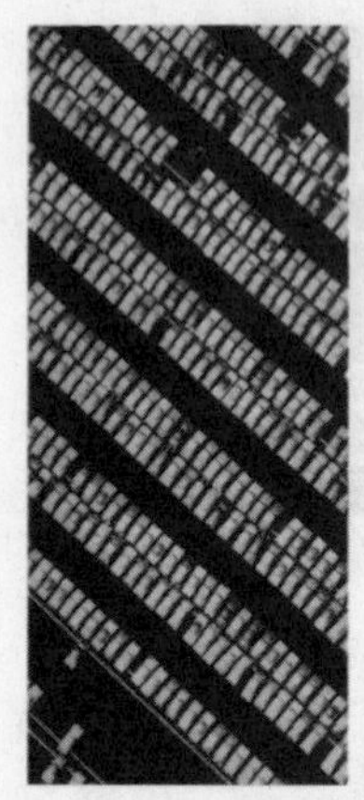

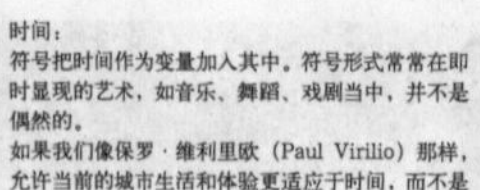

时间：
符号把时间作为变量加入其中。符号形式常常在即时显现的艺术，如音乐、舞蹈、戏剧当中，并不是偶然的。
如果我们像保罗·维利里欧（Paul Virilio）那样，允许当前的城市生活和体验更适应于时间，而不是空间（"现在，速度——普遍存在，而且瞬时发生——正在立刻消解或是替代着城市"），符号能把题目作为测量方式，并能即时展现的特殊能力，就能显示其特殊的重要性：间断、持续、速度、加速度、重复和聚集，都是符号化主题里的重要变量

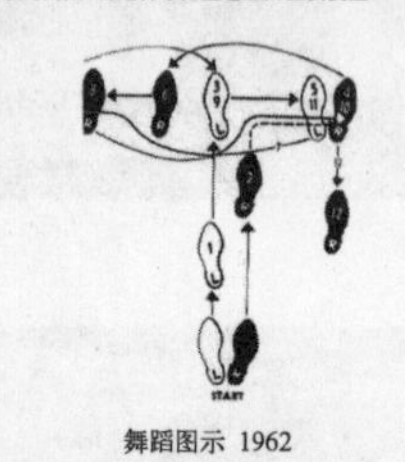

舞蹈图示 1962

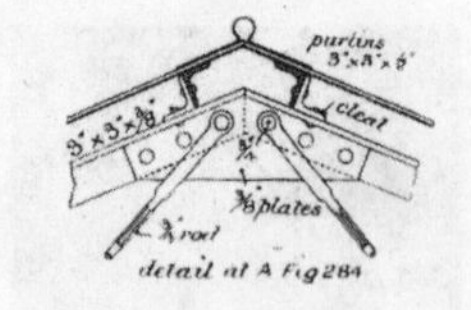

上升类型学：从个体特征开始进行研究，并发展为其最广泛的群体。
类型学：对于类型的研究，或是预先分类。

5. 基础建设提供对典型单元和重复的构筑物进行细化设计的可能，促进了以建筑方式进行城市化的途径，和通常按规模逐渐深入，从一般到个别的设计方式不同，基础建设设计一开始就对特定条件下的特定建筑元素进行细致描绘。基础建设综合体对于建筑设计的限制是技术的和手段的，而不像其他模式，试图通过禁令把建筑形式公式化和规范化（如规划法规和类型标准）。在基础建设城市主义中，形式也在起作用，不过它能做什么比它看起来像什么更重要。

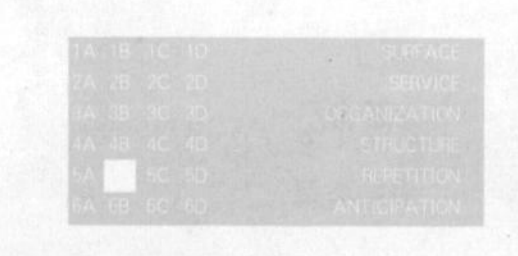

5B
重复
斑块类型 1

1. 组织化图解的变量包括形式和纲领性的形态：空间和事件、力量和抵抗，密度、分布和方向。组织始终意味着程序和它在空间中的分布，回避着传统的二元矛盾形式和功能，或是形式和内容。图解不是一个单个事物，而是对元素间潜在关系的描述。

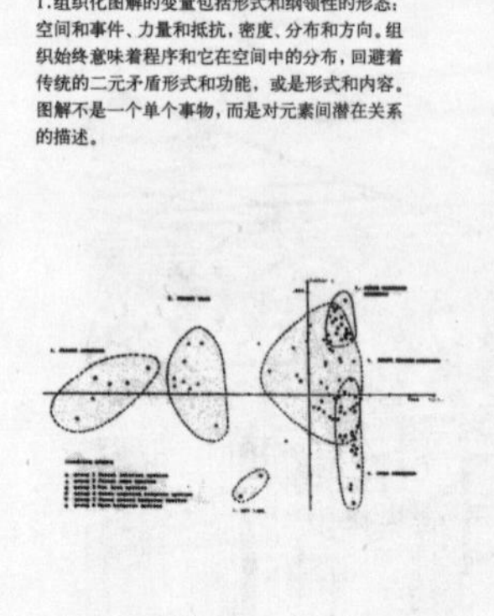

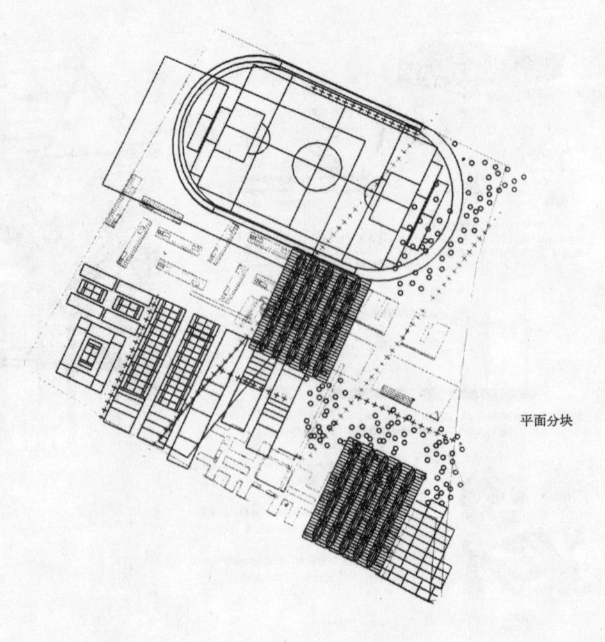

平面分块

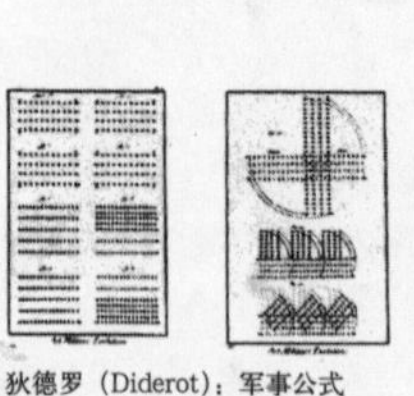

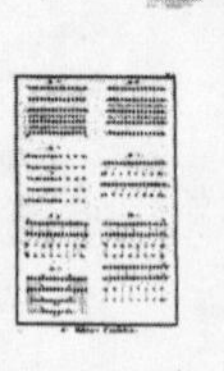

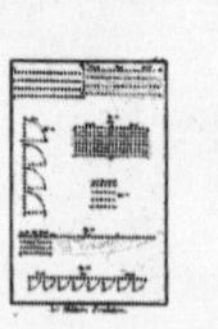

狄德罗（Diderot）：军事公式

5C
重复
斑块类型 2

2.不同于基于模仿的传统理论，图解不是要描摹和表现已存在的物体或是系统，而是要预测新的组织和明确仍然需要进一步认知的关系。它们不是对现有的秩序进行简单的缩减，它们将抽象作为一种手段，而不是自身的终结。通过简化和高度图像化，它们可以不甚严密地整合在一起。其运转就如同“抽象机器”，而且和它们所产生的东西并不类似。

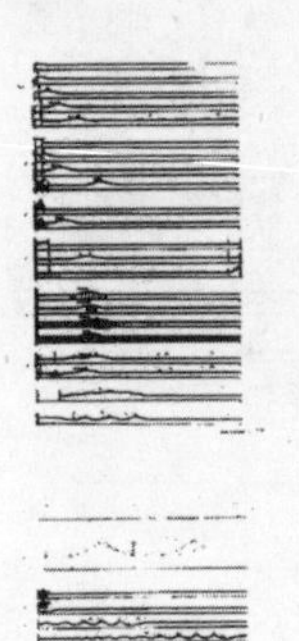

景观组织：结构和功能的综合，比如空间形态和景观中流动的模式。

景观振动：一种体制，受较小的环境变化制约，波动而又保持平衡。

景观结构：能量、物质和物种关于景观元素和生态系统，如规模、形状、数量、种类和构造等制约的分布。

波浪构成

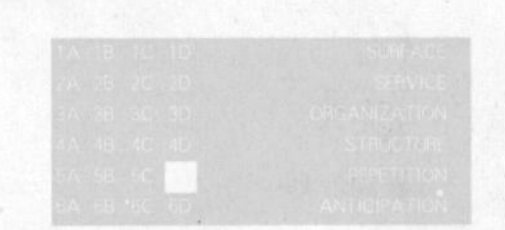

5D
重复
场地—变异／重复

3.图解不是根据普遍习俗的“解码”，其中的关系是各部分之间换位移动形成的新的组织文脉：“尽管转换排除了所有有利于实现一般等价的部分，这种媒介转换是在不连续的点上连续实现的……因为元素的数量和群体的规则是难以一致的，每个转换都是某种程度上的武断和操纵。它不能要求任何东西成为普遍的，因而必须有差距。”

——雷德里克·基特勒（Friedrich Kittler）

散布：单体的空间排列形态，如规则、随机，或是成群。

独特构造：显著的非随机的空间形态。

优势：群落中一种或几种优势物种在数量、单位面积数量或群体能力等方面的程度。

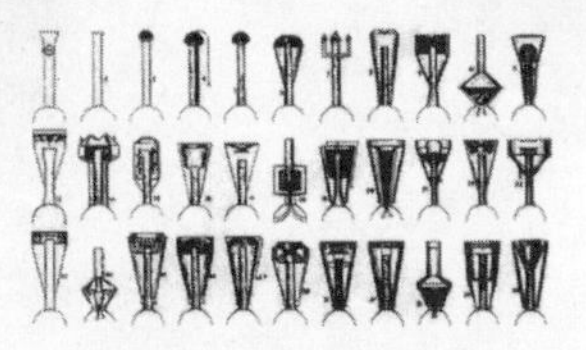

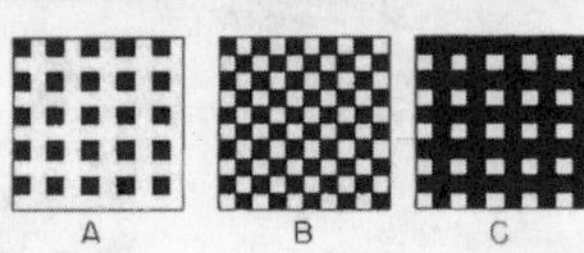

图8　利用分散斑块（dispersed-patch）模型产生的网格图案的分割（clear-cutting）级数，在其中选择一些区域切除，以通过景观保持规则的分布。涂黑的地方表示(a)25%；(b)50%；(c)75%。

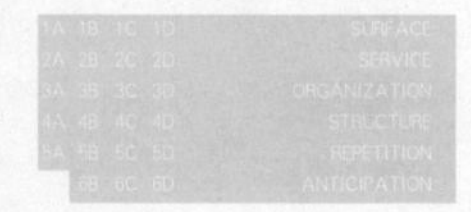

6A 预测

成果平台

运载容量：一个特定环境可以容纳单体的最大数量或是最大单位面积数量。

突变点：系统结构和功能的延续即将变化和受到破坏的临界点。

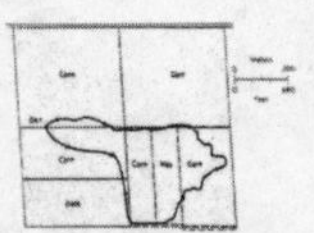

图10.6　根据雪地的足迹绘制的斑纹鼬在冬季夜晚的运动。实线表示树篱，单虚线表示田里农作物的边界，双虚线表示一条窄的土路。（引自B.J.Verts.The Biology of the Striped Skunk, copyright 1967 by the Board of Trustees of the University of Illinois）

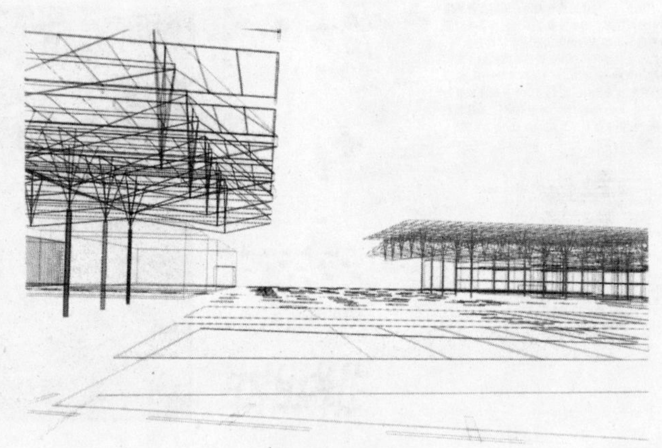

6. 基础建设是灵活的、可预期的。它们随着时间更迭，允许产生变化。它们区分了一成不变的和能够变化的部分，因而可以同时既是精确的，又是不确定的。其运转受到管理和培养，并缓慢地变化着以适应环境的变更。它们不是朝着一个既定的状况（如总体规划战略那样）发展，而是一直都在宽松的制约环境下演进。

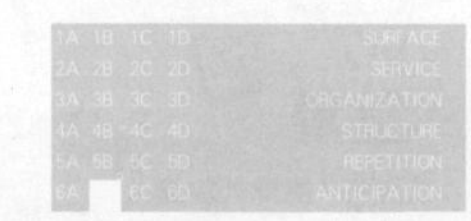

6B 预测

被动计划

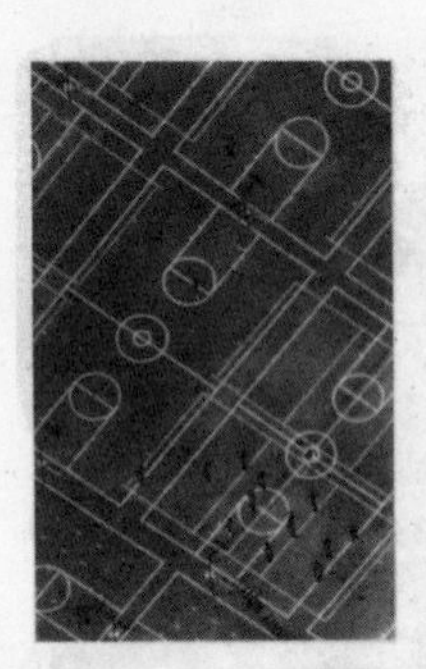

预测：

符号记述仍然需要得到认知的工作。即便已经实行过，这项被记述的工作在未来的执行过程中仍然可能被解释和更改。如此说来，符号是乐观的，也是可预期的。不同于基于模仿的传统理论，符号不是要描摹、表现已存在的物体或是系统，而是要预测新的组织和明确仍然需要进一步认知的关系。符号关注的不是询问、批评或注释。这些“批评性”的实践，只是将符号的庞杂容量用于回顾，（指出现实中什么是错的）尽管符号更为激进的可能性，是有赖于改变着的现实的可能性的。符号的特殊性质可以被城市设计者用来产生“有指向性的不确定。”活力充沛又相当特殊的设计，历经时间更替仍然保持着变化，并且对于提出多种诠释也有足够的能力。

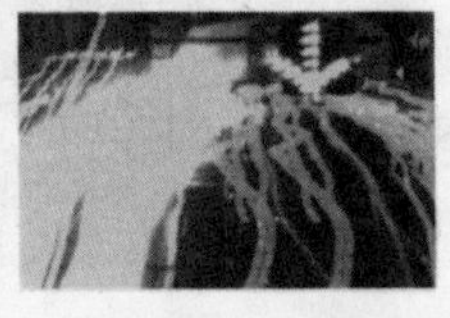

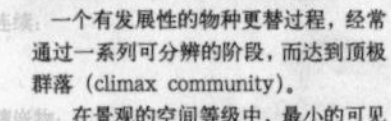

连续：一个有发展性的物种更替过程，经常通过一系列可分辨的阶段，而达到顶极群落（climax community）。

镶嵌物：在景观的空间等级中，最小的可见同质（homogenous）单元。

根本因素：某种结果或特征，比如在进化和地质历史上，引起或控制了相近因素。

进阶：被某一物种开拓了的地点，并且这一物种已经在这里再繁殖和生长。

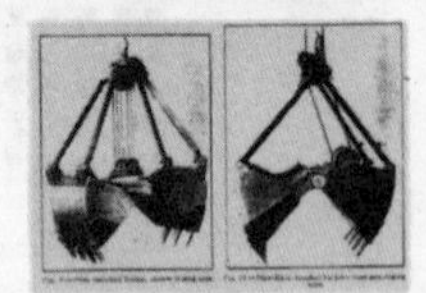

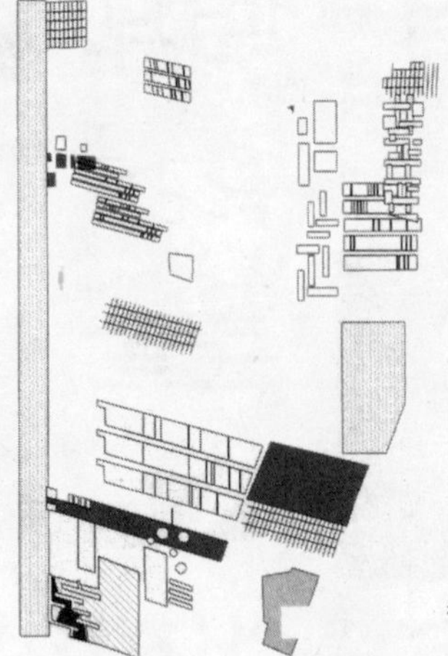

被动规划

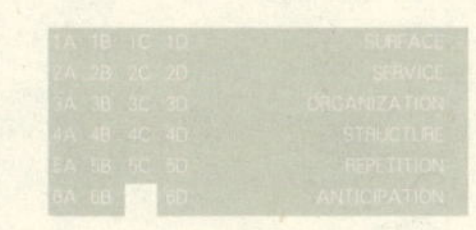

6C
预测

主动

执行：

这个项目的显著标志是将改变了将建筑由表现成果转变为物质实践。伴随着物质实践（比如生态学和工程学）开展的，首先并不是形象或是意义，而是执行：能量的输入输出、力量的测定和抵御。它们较少考虑事物看上去像什么，而更多地关注事物能做什么。物质实践不会试图控制或是预先确定含义。相反，它们超越了语言的自相矛盾，转而检验执行和行为上重要实践带来的影响。尽管这些物质实践的运作是有益的，也不能仅仅局限于简单操纵给定的材料。它们需要通过抽象的技巧，如符号、模拟和计算等方法，来设计对真实世界的转换方式。

持久性：稳定性的测量标准，即某一特征能够持续保持在一个给定的水平上的时间段。

新景观平衡：景观在某一环境中经历了严重的波动，不能完全恢复其原有的平衡状态。

非平衡共存：经历了由扰动和不可预测的（随机的）事件引起的波动而幸存下来的物种。

最优化：作用增加或是计划作用增加的过程，通常是多种特性中的一个。

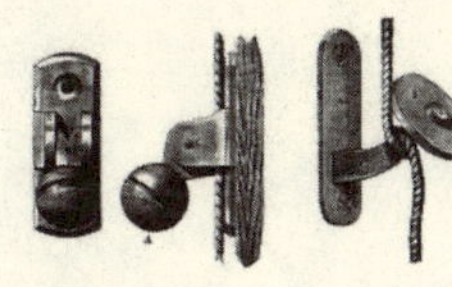

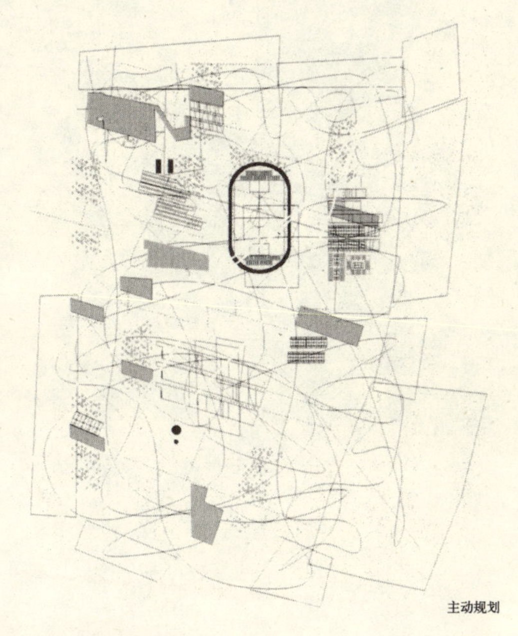

主动规划

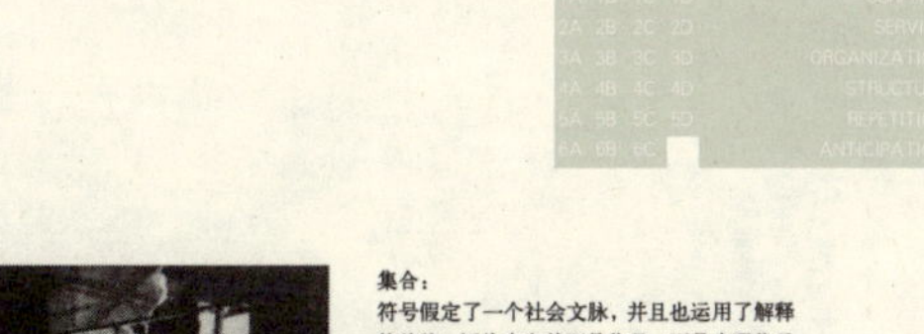

1A 1B 1C 1D SURFACE
2A 2B 2C 2D SERVICE
3A 3B 3C 3D ORGANIZATION
4A 4B 4C 4D STRUCTURE
5A 5B 5C 5D REPETITION
6A 6B 6C ANTICIPATION

6D
预测

规划评价

集合：

符号假定了一个社会文脉，并且也运用了解释的传统。评价本身并不是作品，而是表现作品的一套指导方式。评价不能成为私有语言。它应该作为协调能够共同产生成果的众多表演者行为的手段。作为操纵城市的模型，符号的集合特性有很强的启发性。超出了越俎代庖和交叉设计的范畴，符号可以成为表现城市日常生活的复杂而不确定的剧场。对符号的运用可以激起从生产的空间到表演的空间的巨大转变。

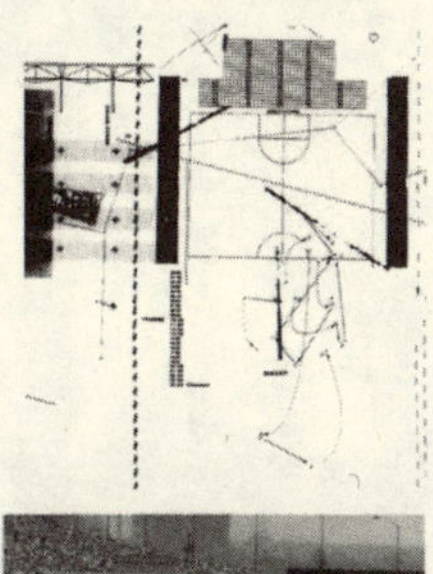

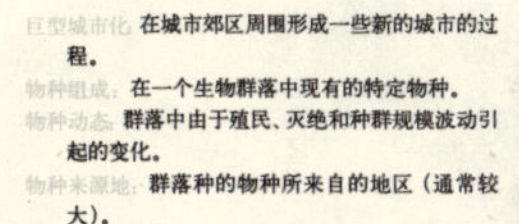

巨型城市化：在城市郊区周围形成一些新的城市的过程。

物种组成：在一个生物群落中现有的特定物种。

物种动态：群落中由于殖民、灭绝和种群规模波动引起的变化。

物种来源地：群落种的物种所来自的地区（通常较大）。

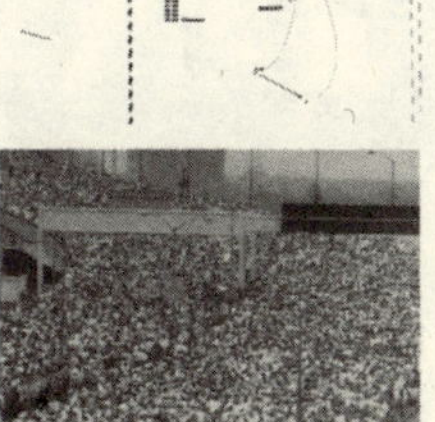

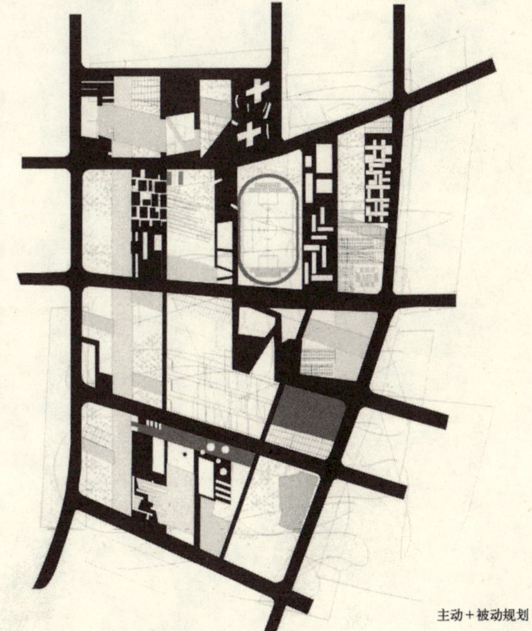

主动＋被动规划

场所环境

“秩序不是理论的，也不是潜藏的，而仅仅就是秩序，就如同连续，就是一个接着一个的意思。”

——唐纳德·贾德（Donald Judd）

项目

韩美艺术博物馆（Korean-American Museum of Art），洛杉矶，美国，1995 年

国家议会图书馆（National Diet Library），关西县，日本，1996 年

艾米·利普顿画廊，纽约，美国，1989～1991 年，细部

"场所体现的是空间的传播和效果。它包含的不是实质的、物质的内容，而是功能、向量和速度等。它描述的是场所中速度、传输，或是疾速等方面的差异间的局部关系，一句话，就是明可夫斯基(Minkowski)所说的'世界'。"

——桑福德·昆特（Sanford Kwinter），1986年[1]

01 从物体到场所

场所环境的概念从一个发展到多个，从单体衍生到群体，从物体扩展到场所。而场所环境的概念也有着非常复杂而多样的表现形式，涉及到了数学领域的理论、非线性动力学和对进化转变的计算机模拟等方面。尽管如此，我对场所环境在建筑领域内的理解还是和其精确的物理学定义有显著区别的。我更倾向于更为实践性的解释，比如人类学家和植物学家所称的"实地调查"(fieldwork)，或是一个将军所面对的战场，或是建筑师提醒建造者要"实地验证"(verify in field)一样。我一直关注着最近模拟技术向数字技术的变革。其中显现了对视觉艺术中的先例的强烈兴趣，从20世纪20年代皮特·蒙德里安(Piet Mondrian)的抽象画到20世纪60年代的极少主义和后极少主义雕塑。战后的作曲家，跳出了序列音乐(serialism)的窠臼，蕴育出新的理念，如"云态"声音("clouds" of sound)和雅尼斯·西纳基斯(Iannis Xenakis)的"概率"(statistical)音乐，在后者中，复杂的声音效果根本不能被分解为单个的组成元素。[2]现代城市的基础建设元素，与生俱来就相互连接，形成一个开放的网络，这也是场所环境在城市背景中的体现。对于建筑场所环境隐含意义的全面分析，必然会折射出建筑使用者的复杂、动态的行为，并由此演绎出构筑规划和空间的新的方法论。

总而言之，场所环境可以是任何形式或是空间上的母体，它能够在尊重其自身特性的前提下，将各种元素整合到一起。其多孔性和局部间的交互性决定了场所的形式是界限松散的集合体。整体的形式和范围都具有高度流动性，而且也没有内部各部分之间的关系重要，后者决定了场所的行为方式。场所环境是自下而上的氛围，不是由几何构筑模式，而是由复杂的局部联系来决定的。间隔、重复和连续，这些都是重要的概念。形式是重要的，但是事物之间的形式比事物本身的形式更重要。

场所环境并不需要形成关于建筑形式和组成的系统理论。在面对实践的现实情况时，需要的并不是理论的模型。它们都是从与现实相结合的实验中得来的实际概念。

02 几何组成与代数组成

古典建筑的各种元素是通过比例恰当的几何体系而统一为和谐整体的。尽管比率可以用数字表达，设计中的关系在本质上还是几何性的。阿尔伯蒂(Alberti)的名言"美是各部分的和谐，增一分则多，减一分则少"，所展现的就是一个理想中的有

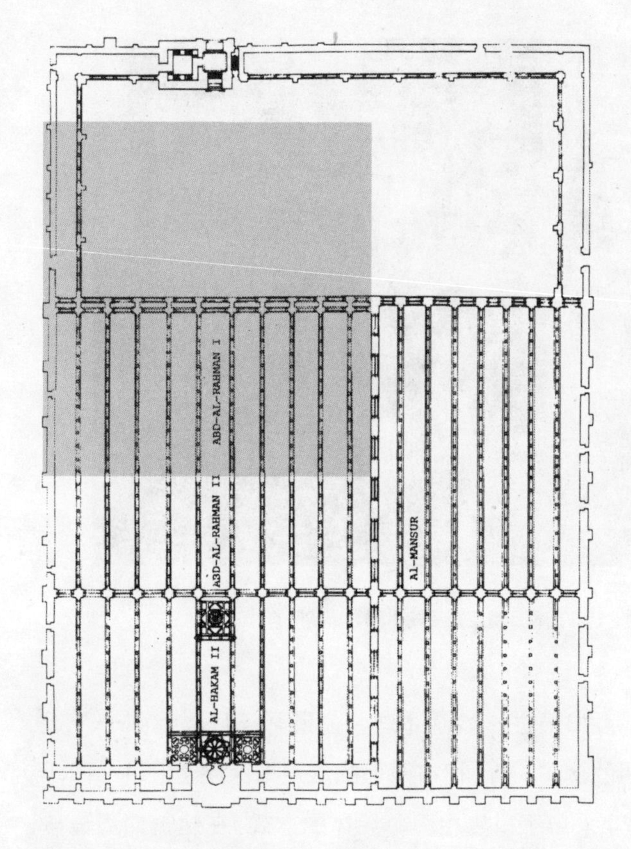

西班牙科尔多瓦大清真寺，公元785～800年
阴影处表示最初部分

机几何统一体。古典建筑的规则不仅控制着单个元素的比例，对单体之间的关系也有所制约。部分组成了整体，整体又组成了更大的整体。轴线、对称和形式秩序，这些严格的规则决定了整体的组成方式。古典建筑在上述规则的基础上演变出多种类型，但始终保持着部分与整体之间的等级分布规则。通过广泛的几何关系，单体元素被控制在等级体系之中，以确保整体的统一。

历经8个世纪建造而成的西班牙科尔多瓦大清真寺（Great Mosque of Cordoba），可以作为一个相反的具有启发意义的例子。[3] 在建造之初，清真寺的形式是相当清楚的：一个封闭的前院，侧面有一座尖塔，院子朝向一个有所遮蔽的崇拜空间（可能源自市场的结构，或是从罗马的巴西利卡演变而来）。围合空间隐约指向齐伯拉（Qibla 朝拜方向），即一堵有着小小的壁龛（米海拉卜，Mihrab）标志朝拜的方向，供祈祷用的墙。第一阶段的建造（公元785～800年）沿用了先前的类型，以十堵互相平行并垂直于齐伯拉的墙，形成了一个简单的结构。这些墙由柱子支撑着，柱子之间穿插着拱券，界定了一个和院子尺度接近的封闭空间。拱墙和在空间组成中的景框形成了对照。柱子位于两个向量的交点，形成一个没有差别，但又受到高度控制的场所。当参观者漫步其中时，这一场所会赋予他们复杂的视觉变化效果。整个西墙都向院子敞开，因此在清真寺的范围内，并没有一个明确的入口。基督教堂轴向性的行进空间让位于一种没有方向性的空间，一种"一个接着一个"的连续序列。[4]

这个清真寺的扩建经历了四个阶段。值得注意的是，每一次加建时，原有的肌理都得到了完好无损的保留。建筑原型经过复制得以扩大，而局部之间的关系仍然得以保留。相对于西方古典建筑，它可能标志着相反的组成原则：一种是**代数的**，通过多个单元逐个叠加的方式进行组合，而另一种是**几何的**，通过空间中经过组织的形体（线、面、体）来形成更大的整体。[5] 例如在科尔多瓦清真寺里，单个元素经过叠加组合形成了一个不可预知的整体。在最初和最后建造的部分中，局部之间的关系都是一样的。局部的构成规则是固定的，但并没有凌驾其上的几何性脉络。局部不是整体的碎片，仅仅只是局部。不同于西方古典建筑强调的封闭整体的概念，这一结构可以扩充而不会引起从根本上的形式变化。场所的形态生来就可以扩展；各部分之间的数学关系，使得逐渐增长成为可能。

当然，西方古典建筑里也有许多随着时间发展逐渐加建和改造的例子。比如罗马的圣彼得大教堂（St. Peter's），也有同样长的建设和改造历史。但是它们之间又有一个显著的区别。在圣彼得大教堂，加建是形态的转变，是对基本几何布局的细化和扩展，倾向于形成封闭的组合形式。这和科尔多瓦清真寺形成了鲜明的对比，在那里，每个阶段都是通过增加的相同单元，在重复和保护着前一阶段的建筑。而且，即便在科尔多瓦清真寺最后被改建为基督教堂，并在其连续和无差别的肌理中插入一座哥特大教堂时，清真寺已有的空间秩序仍然能够与西方教堂典型的中心和轴线中心相抗衡。正如拉菲尔·莫内欧认识到的："我并不认为科尔多瓦大清真寺被这些改建毁了。相反，我觉得面对所有的插入仍然能够延续自己的风格，正是清真寺自身完整性的体现。"[6]

勒·柯布西耶，威尼斯医院，1964～1965 年

如果进一步阐述这个命题，还可以找到一个近期的例子，勒·柯布西耶的威尼斯医院（1964～1965年）采用了重复相同单元体的方式，在建筑的周边与城市的肌理建立了多样化的联系。建筑通过一种累积的方式，沿水平方向扩展。设计中的基本模块，是重复出现的由 28 张病床组成的"看护单元"(care unit)，它们贯穿了整个建筑。诊室设置在单元之间有所遮蔽的开放交通空间中。单元体按照一定角度旋转，以便病房之间能够建立联系和通道，而一些位置的留白则为横向发展的医院提供了室外空间。这里没有明确的中心，也没有统一的几何布局。如同科尔多瓦大清真寺那样，整个建筑的形式是从局部出发形成的经过精心设计的环境。[7]

03 走出立体派

曾经有人说过，巴尼特·纽曼（Barnett Newman）通过运用一系列的“面、线、面”，“走出了立体派空间的戒律，并关上了他身后的门。”[8]从整体上说，战后美国绘画和雕塑的发展就是一部努力摆脱立体派创作句法限制的历史。尤其是雕塑家，在抽象表现主义绘画成就的阴影下，发现由战前的欧洲艺术家那里继承下来的，由支离的块面和形象的片断形成的混合语汇，已经不能满足他们的雄心壮志了。正是由于这种颓势，导致了20世纪60年代中期极少主义的出现。罗伯特·莫里斯（Robert Morris）不赞成偏重过程的组成，唐纳德·贾德也对“局部的拼凑”(composition by parts)持批评态度，这些都证明他们在努力建立一种新的创作模式，和他们所崇尚的几十年前的绘画同样的简单而直接。

唐纳德·贾德，装置，马尔法（Marfa），得克萨斯州

20世纪60、70年代，极少主义者的工作就是清除艺术作品的象征和装饰特征，以强调它的建筑化环境。表达意义的，由物体自身转换为物体和观察者之间的空间场所：一个流动领域，移动的人体在其中作为有感知的障碍物的。卡尔·安德烈（Carl Andre）、丹·弗莱文（Dan Flavin）、莫里斯和贾德等艺术家都试图超越由形式和组合形成的变化，转而调动画廊和欣赏者所在的空间。贾德和莫里斯都曾以书面的形式表达他们对欧洲的（也就是立体派）创作规范的怀疑。他们更希望将自己的创作置身于近代美国发展的背景当中。正如莫里斯所写：“自立体派以来的欧洲艺术进程，始终在颠覆那些认为关系是非常重要的普遍认同。而美国艺术是通过揭示造就其自身的、并仍在延续的前提条件的而得以发展的。”[9]莫里斯和贾德都指出了杰克逊·波洛克（Jackson Pollock）的决定性贡献。贾德认为“大多数雕塑都是一部分一部分制造出来的，通过叠加，组合而成。”对贾德而言，他想要的则是合并：“在新的创作中，形状、图像、色彩和表面都是独立的，既不是部分的，也不是分散的。其中没有任何中立的、适中的区域和部分，也没有任何联系和过渡的区域。”[10]极少主义者的工作热情也因此表现为对单一形式、直接使用工业材料和简单组合的热衷，成为一种“预先实行”(pre-executive)的精神上和物质上的清晰。极少主义明确的建构变化活跃了视觉

上图：伊娃·海斯，无题，1967 年

下图：巴里·勒·瓦，转动行为（Bearings Rolled，选取了六个瞬间，没有特定的规律），1966～1967 年

空间，并将艺术品所处的环境也定义为“特殊物体”(specific object)。

如果说极少主义显示了战后创作原则的显著转变，那么它的抽象形式语言和材料应用等，仍然是源于一些经过提炼的原型的。它的物体是清晰界定并确实建造的。(贾德后来所做的建筑也证实了其本质上的建构保守性。)极少主义是按照序列，而不是场所来展开的。正因为这样，被称为“后极少主义”的艺术家的工作才对此表现出特殊的兴趣。[11]相对于安德烈和贾德，布鲁斯·纽曼、琳达·班格拉斯（Lynda Benglis）、基斯·索尼耶（Keith Sonnier）、艾伦·萨雷特（Alan Saret）、伊娃·海斯（Eva Hesse）和巴里·勒·瓦（Barry Le Va）等艺术家的工作则在本质上更为多变，也更脱离传统。文字、运动、技术、流动和易逝的材料、肢体表达——所有这些极少主义曾经抵制的“外在的”东西——又回来了。后极少主义的标志在于，它踌躇于极少主义者已明确界定的东西，并在本体论上持怀疑态度；它倾向于极少主义者禁止的绘画性和非形式性；它无视于极少主义者对基本结构和思想的关注，更忠于实在的物体和可见的东西。从艾伦·萨雷特的线网构成，到琳达·班格拉斯的浇铸，再到罗伯特·史密森（Robert Smithson）的“非场所”(nonsites)，这些作品将机遇和偶然引入了艺术创作。它们更加彻底地改变了对艺术作品的理解，从分散的对象转变为对作品在场所中形成过程的记录。

巴里·勒·瓦，六条吹成的线（Six Blown Lines），1969年

对于我所说的场所环境，投入得最为显著的艺术家是巴里·勒·瓦。勒·瓦曾受过一定的建筑教育，这使得他在雕刻创作中对于空间化的场所具有敏锐的感受。20世纪60年代中期，他开始进行创作，一些作品经过了预先设计，而另一些则是随机产生的，这彻底瓦解了"雕塑"作为一个有边界的实体，独立于其所处场所的概念。他把这些作品称为"分布"(distribution)："无论一个'分布'是'随机的'还是'有序的'，它都是由'点和形之间的关系'，或者说是由'事物的秩序'确定的。"[12] 局部的关系比整体的形式更为重要。通过"事物的秩序"产生的形式，多少与群体行为和代数组合的形成规律有些联系。勒·瓦指明了后极少主义所体现的一条重要的创作原则：将控制转换为错综复杂的空间组织关系，或是"事物的秩序"，而不是整体性的形式构成。在后极少主义的作品中，这常常要联系到对于材料的选择。通过运用金属线网（萨雷特）、熔融液（班格拉斯）和吹动的粉（勒·瓦）等材料进行创作，艺术家不再以精确的形式控制加于材料之上。他们要建立一种可以让材料在其中展开，并且能够引导它的流动的环境。在勒·瓦的毡布作品里，它是布褶和布褶、线和线的联系。在20世纪60年代以后的作品中，材料的本身成为一种短暂的存在，仅仅是一种对过程和变化的微妙记录。

04　厚二维：波纹绸和厚垫子

所有的格网都是场所，但并不是所有的场所都是格网。场所的一个内在能力就是重新确定形体和大地的关系。如果我们不认为形体与静态场所是泾渭分明的，而是将其看作场所自身产生的效果，比如强烈的瞬间，比如连续条件下的高峰和低谷，也许就能够把形体和场所联想得更为紧密。需要强调的是，即使保持了整体上的相对同一性，更应注意的仍是局部层次上的差异所产生的结果。这要求真实而又多样的社会差异，不应以大规

场所环境图解

模符号信息或雕塑形态的形式出现，而应在局部层次上获得繁荣。因此，关于场所组合的研究应该是对模型的研究，包括作用于形象和抽象之间的模型、消除传统上形象和抽象间对立的模型，或是对系统的研究，这一系统是由能够在规则或重复的单体元素上产生涡旋、高峰和突起等现象的组织形成的。

波纹绸是由两个规则场所叠加产生的构成效果。原本是重复而规则的元素经过组合，产生了意想不到的效果，展现出复杂并且显然是毫无规律的行为。但波纹绸的效果并不是随机的，而是在突然的情况下进行等比例的变换，其重复仍然依照着复杂的数学规律。波纹绸的这种效果经常被用于测量连续场所中隐藏的压力，或描绘复杂的形体外观。这两种情况下，都有规则场所和随机形态离奇共存的状况。

在建筑和城市背景下探讨波纹绸的效果，就要涉及到表皮的问题了。场所从本质上就是横向的，甚至是图形化的现象，迄今所谈到的所有例子都是作用于二维平面上的。尽管个别后现代城市（比如东京）可能完全是三维发展的场所，20世纪后期的典型城市仍然是水平扩张的。在此种背景下，场所的叠加能够在特殊的环节内，于城市的扩张区域中呈现出加厚和加强的过程。以往的纪念建筑，也包括摩天楼，那是现代主义高效生产的纪念碑，都是脱离城市肌理之外，高于一切的重要的垂直体。而新的城市构筑物应该会在效果强烈的情况下出现，与更为广泛的城市场所网络相结合，其标志特点不是超脱环境的线条，而是加厚的表皮。

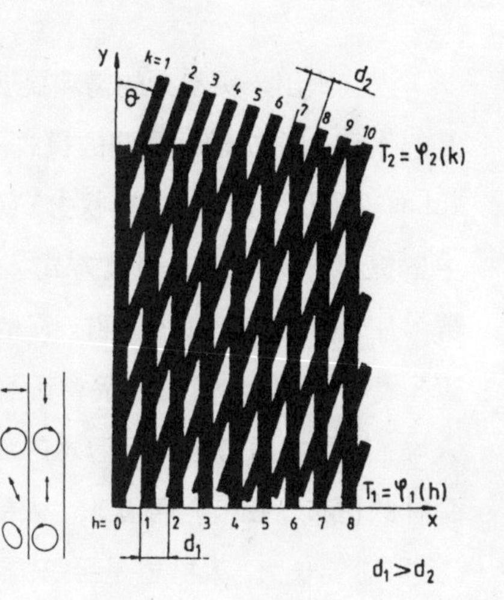

上右图：波纹绸图案
上左图：波纹格图解
下图：上空的直升飞机对驯鹿群造成的反应

05　鸟群、鱼群、蜂群、人群

20世纪80年代末，人工智能理论家克内格·雷诺兹（Craig Reynolds）设计了一个计算机程序来模拟鸟类的群聚行为。正如M·米歇尔·沃尔德罗（M. Mitchel Waldrop）在《复杂：诞生于秩序与混沌边缘的科学》（*Complexity: The Emerging Science at the Edge of Order and Chaos*）一书中所说的，雷诺兹设置了许多自主的类似鸟的个体，称之为"伯德"（boid，即bird-oid），并把它们放到一个屏幕环境中。这些柏德的行为需要执行三个简单规则：第一，与环境中的其他物体保持适当的间距（包括障碍物和别的伯德）；第二，和邻近的伯德保持近似的速度；第三，向它感觉到的附近伯德群的中心移动。沃尔德罗发现："令人吃惊的是这些规则中并没有一条说要'形成一群'……规则完全是针对个体的，只提及单个伯德应该怎么做和怎么看待周边情况。如果说最终会形成一群，那么从一开始就注定存在着这样的规律，是自然而然出现的情况。而且，的确每一次都真的能够形成群。"[13]

群聚显然是一种场所现象，由清晰而简单的局部条件确定，而且相对于整体的形式和范围没有直接的关系。因为规则的确定是局部的，遇到的障碍对于整体来说并不是致命的。流动的调整协调了环境中的变异和障碍。一个小群和一个大群可以在本质上表现为同一种结构。经过多次重复，就形成了图案。群的行为并不是完全重复，而只是大致类似的构成方式，那不是一种固定的类型，而是个体行为模式积累的结果。

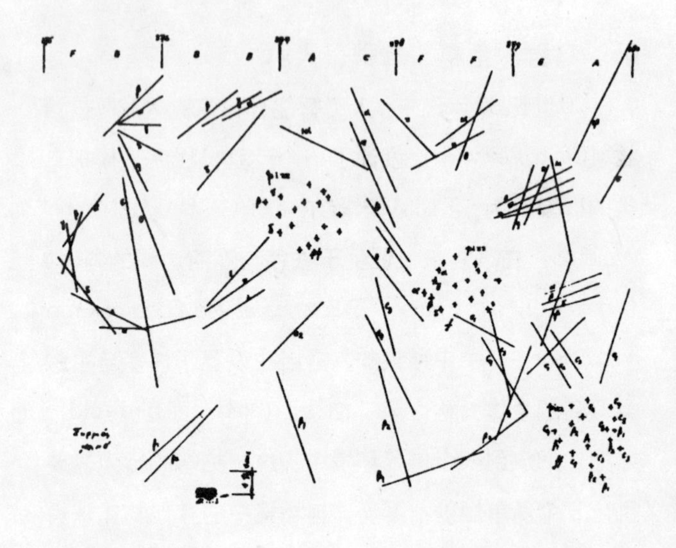

雅尼斯·西纳基斯，塞莫斯（Syrmos），1959年。未转换前的“固定状态”图像

人群则出于更复杂的需求显现出不同的动态，相互的作用也更缺乏可预测的模式。艾利亚斯·卡内蒂(Elias Canetti)在《群体与权力》(*Crowds and Power*)中曾提出一种广义的分类方式：开放的和封闭的人群；有节奏的和停滞的人群；慢的和快的人群。他调查了各种人群，从蜂拥的宗教朝圣者到展览时簇成的人堆，甚至把思考延伸到河水的流动、谷物的堆放和森林的密布。在卡内蒂看来，人群有四个基本属性："人群总要长大；人群里是平等的；人群喜欢密集；人群需要指引。"[14]这和上文提到雷诺兹的规则间的关系虽不直接，但仍是显而易见的。不过卡内蒂对做预测和证实没什么兴趣。他研究的出处是文学的、历史的，也是个人化的。此外，他还始终感到人群是可以释放也可以压抑的，是可以愤怒、具破坏性也可以快乐的。

作曲家雅尼斯·西纳基斯以声学方式转换人群的场景，创作了他的早期作品《转移》(*Metastasis*)。他还专门搜寻适宜的合成技术来体现个人的深刻记忆：

雅典——反纳粹的典范——成千上万人的齐声呐喊在这里交相呼应，形成壮阔的旋律，向着敌人开战了。这旋律穿透了喧嚣刺耳的嘈杂、子弹的呼啸和机关枪的轰鸣。声音开始消失。慢慢地，寂静回到了城市。如果仅仅从听觉的角度来看，而不考虑其他方面因素的话，在这么多人发出的声音中，并不能察觉到个人的声音，所有的声音都结合在一起，成为一个只能从整体上感受到的声音。与此相似的例子还有蝉鸣、落雪、雨打，波涛撞击崖壁声，水波浸润山石的声音等等。[15]

为了尝试模仿这些"世界声音效果"（global acoustical events），西纳基斯运用自己的图形想像能力和他的画法几何知识，颠覆了传统的作曲过程。也就是说，他开始通过图形符号来描绘他想要的"场所"或"云态"的声音效果，而后再把这些图形还原为传统的音符。他所使用的材料超越了现有作曲技术的主流规则，因而必须引入新的程序来创作有"大规模效果的典型分布"的作品。[16]

人群和蜂群的活动是很难控制的。除了有可能在形式上得到启发，这两个例子还让建筑学将对传统的自上而下的控制形式的注重转向对更具流动性的、自下而上的可能的研究。场所环境为建筑学提供了探索的机会，来处理应用中的运动、人群的行为和群体运动中的复杂几何形式。

06 分散的公共建筑

控制古典建筑的轴线、对称、形式秩序等严格规则和传统西方公共建筑的类型形态之间有很强的历史联系。图书馆、博物馆、音乐厅，还有银行、市政厅、议会大厦，所有这些建筑都需要用古典秩序的稳重感，以显示它们作为公共建筑的永久性。而到了20世纪，早期的现代主义建筑怀着乌托邦式的幻想，试图用公共建筑通透的形体来体现自由民主。轻质的钢结构和玻璃幕墙充分体现了通透，在日益复杂的设计中，功能和组成的需求使得那些单体元素也变得清晰可见了。

然而，通过组合变化来改变公共建筑外形的方式也是有所局限的。从另一方面讲，应该指出，尽管现代主义者在片断的设计中引用的组成规则可能是新的，但对于各部分之间的组织和关系的重视仍然存在。正如罗伯特·莫里斯说过的，"自立体派以来的欧洲艺术进程，始终在颠覆那些认为关系是非常重要的普遍认同。"[17]也许，应该有一个更彻底的变革。而更为迫切的是来自技术变革和社会变革的压力，公共建筑开始从内部发生改变。在社会、政治和技术等方面，公共建筑所承担的功能都陷入了困境，其相应的类型学特征失去了决定和象征这些建筑空间的特殊能力。

例如图书馆和博物馆，曾经是很具确定性的场所，知识以人们熟知的、公认的分类陈列于此，而现在这些正在受到突飞猛进的媒体、消费文化和无线通讯的侵蚀。建筑再现和储存群体记忆的能力因此而衰退。现在设计一座图书馆或是博物馆，需要武装一套全新的构想。这首先意味着要去认识一种始终增长着的不确定性，其中包括什么构成了知识，谁在使用它，而它又是如何分布等问题。

组织和行为、政策和形式之间并没有简单的对等关系。正如米歇尔·福柯所说，尽管有拘禁式建筑，但没有真正的"自由"建筑。他说："自由，只是一种体验。"[18]不分等级的组成并不能保证社会的或开放政治的平等。有人说过，对于民主而言，它不能做什么比它能做什么更重要。因此，本章后面的两个项目，试图通过场所的概念，重新思考传统公共建筑的形式。其中所设计的组成原则，对"部分"作出了新的定义，也改变了对各部分间联系的认识方式。这些建筑的形式不再会以隐喻的方式表现其新的环境，也不会直接促成新的思考或行为方式。在一个有指导性的场所条件中创建这些建筑，并将建筑与城市同环境结合起来，为未来使用者的再创作提供了机会。一种"宽松适应"，在行为和周边环境之间建立起来。

本文的观点和米歇尔·塞尔（Michel Serres）的并不相同。他认为干扰、意外和拦截都会不可避免地破坏由点和线构成的形式体系。场所环境不止是外形的形式，它意味着建筑可以容纳改变、偶然和即兴发挥。这种建筑不是为了经久不衰、稳固和确定而建造的，而是为了脱离空间，以获得真实世界的不确定性：

位置(station)和路径(path)一起形成了一个系统。点和线，存在并且关联着。有趣的是系统的构成、位置和路线的数量与分布。也许那是沿着线流动的信息流。换句话说，是一个可以通过形式来描述的复杂系统……可能有人会探寻这些线、路径、位置、它们的界线、边缘和形态等等所具备的信息及其分布。但也必须记录伴随着位置间流动的拦截和意外……信息可能会通过，但寄生物（parasite即干扰）阻止了它被接收，有时也阻止了它被发送。[19]

注释

1. 桑福德·昆特：La Citta Nuova：现代性和连续性，区域1/2，纽约，1986年，第88～89页。
2. 西纳基斯的语言和概念很接近这里提到的内容。参见Nouritza Matossian，西纳基斯，伦敦，康与埃沃利尔（Kahn and Averill）出版社，1990年，第59页。
3. 以下内容改写自拉菲尔·莫尼欧的La Vida de los edifcios，Arquitecture，第256期，1985年9～10月，第27～36页。
4. 该词引自唐纳德·贾德对弗兰克·斯特拉（Frank Stella）绘画作品的评论："秩序不是理性主义的，或是根本的，而仅仅就是秩序，就如同连续，就是一个接着一个的意思。"唐纳德·贾德，特殊对象，完整记录：1959～1975年，哈利法克斯，新斯科舍大学艺术与设计出版社，1975年，第184页。
5. "代数"这个概念，源自阿拉伯词语"断肢再接"，即"把打碎的部分重新组合起来"。而"几何"的概念则源自希腊。
6. 莫尼欧，La Vida，第35页。
7. 科尔多瓦清真寺和勒·柯布西耶的威尼斯医院均出自埃里森·史密森1974年的文章《如何认识和理解建筑》，建筑设计，第44卷第9期，1974年，第573～590页。
8. 引自罗莎琳德·克劳斯的《理查德·塞拉（Richard Serra）：雕塑重塑》，艺术论坛，1972年5月。
9. 罗伯特·莫里斯，反形式，艺术论坛，1968年4月，第34页。
10. 贾德，特殊对象，第183页。
11. 实际上，后极少主义几乎是和极少主义同时发展起来的。这里的"后"意味着某种程度上的联系和对立，而不是时间上的顺序。比如极少主义艺术家里缺少女性，但是无法想像缺少了琳达·班格拉斯和伊娃·海斯，后极少主义会变成什么样。类别之间也存在着一定的流动，如罗伯特·莫里斯也经常被归为后极少主义。参见罗伯特·平库斯-维滕（Robert Pincus-Witten），后极少主义介绍，1977年，从后极少主义到极多主义：美国艺术，1966～1986年，密歇根安娜堡，密歇根大学研究出版社，1987年。

12. 简·利文斯顿（Jane Livingston），巴里·勒·瓦：分散雕塑，艺术论坛，1968年11月。

13. M·米歇尔·沃尔德罗，复杂：诞生于秩序与混沌边缘的科学，纽约，西蒙与休斯特书业，1992年，第240～241页。

14. 艾利亚斯·卡内蒂，群体与权力，纽约，法勒、斯特劳斯和吉洛克司书业，1984年，第29页。

15. 马托西恩（Matossian），西纳基斯，引自一篇访谈，第58页。

16. 同上，第58～59页。

17. 莫里斯，反形式，艺术论坛，第34页，经作者总结。

18. 米歇尔·福柯，尼采，宗谱，历史，保罗·拉比诺（Paul Rabinow）编，福柯读本，纽约，潘通出版社，1984年，第87页。

19. 米歇尔·塞尔，寄生，劳伦斯·R·舒赫（Lawrence R·Schehr）译，巴尔的摩，约翰霍普金斯大学出版社，1982年，第10～11页。

韩美艺术博物馆，洛杉矶，美国

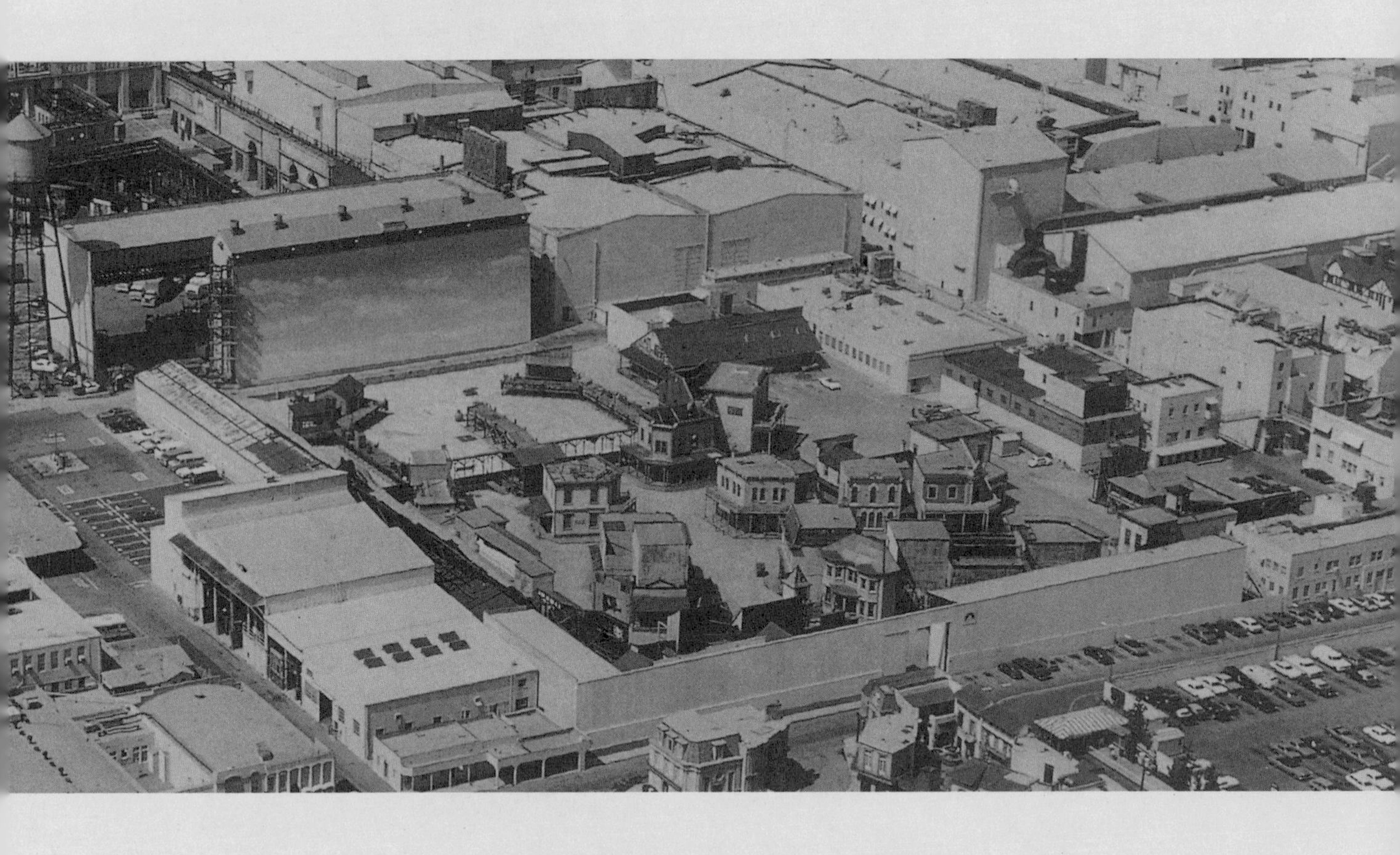

竞赛，1995 年

建筑师：斯坦・艾伦

协　助：利恩・莱斯（Lyn Rice）、凯瑟琳・凯姆、克里斯・佩里

场地模型：迈克尔・西尔韦（Michael Silver）

01　松散契合的城市主义

这个建筑显示了洛杉矶特有的城市特征：长长的，低矮的，水平展开的，房子盖起来了，但没有密集地拥塞着。上述特征源自韩美艺术博物馆缺乏连续性的街区背景，它的外观和其周围的环境并没有直接关系。相反，其内部的设计是有组织的，各部分之间有清晰的逻辑，在一个普适的空间中演绎着虚与实的关系。基地的边界线成为建筑的限制条件，形成了一个松散的受保护区域。在大尺度的围合中，建筑的元素通过与周边密切接触，开放了一个缝隙间的模糊空间。展廊在普适空间中形成了清晰的形体，各种功能（大厅、咖啡厅、报告厅和书店）占据了其他的空间。建筑将大型和小型混合在一起，通过多种尺度化解了场地的冲突。

左图：拼贴图示
右图：带状场地图示
上页图：环境：派拉蒙（Paramount）摄影场

02　基础建设

博物馆的底层是开放的结构，将博物馆的主体抬高至街道之上。在保持展览层独立性的基础上，多种路径在博物馆和周围的环境之间建立了多样的联系。建筑附加的公共功能设置在这一层，沿着分割建筑的平行墙体进行布置。

03　空盒子

藏品被放置在若干个分布于主楼层中的简单的小展室中。这些空盒子可以满足其中展示的艺术品适当的分隔、控制和独立需求，而不必强制固定的参观顺序。展览馆本身造成的影响得到了必要的压缩和严格控制。高天窗将漫射光引入展廊，形成了迥异于公共空间的特征，后者则通过横向的透明玻璃获得了朝向城市环境的开放。

04　复杂的容器

设计的目的是在两个已知的部分，即现有的场所边界和展室的布局之间，建立一个不确定的空间。设计不是从外界引入一个复杂的几何体，而是通过尺度和数量上简单而明确的差异获得了复杂性。项目通过挖掘容器和内容之间的相互对立得以发展。设计不是按照单独的有机体，而是更接近于小型元素集合体来进行处理的。建筑是通过城市化的方式进行设计的，获得了犹如在城市街道中游走的效果，并提供了稍纵即逝而又是经过规划的复杂的参观感受。

模型照片

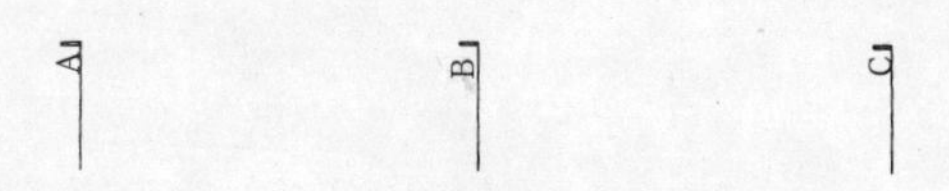
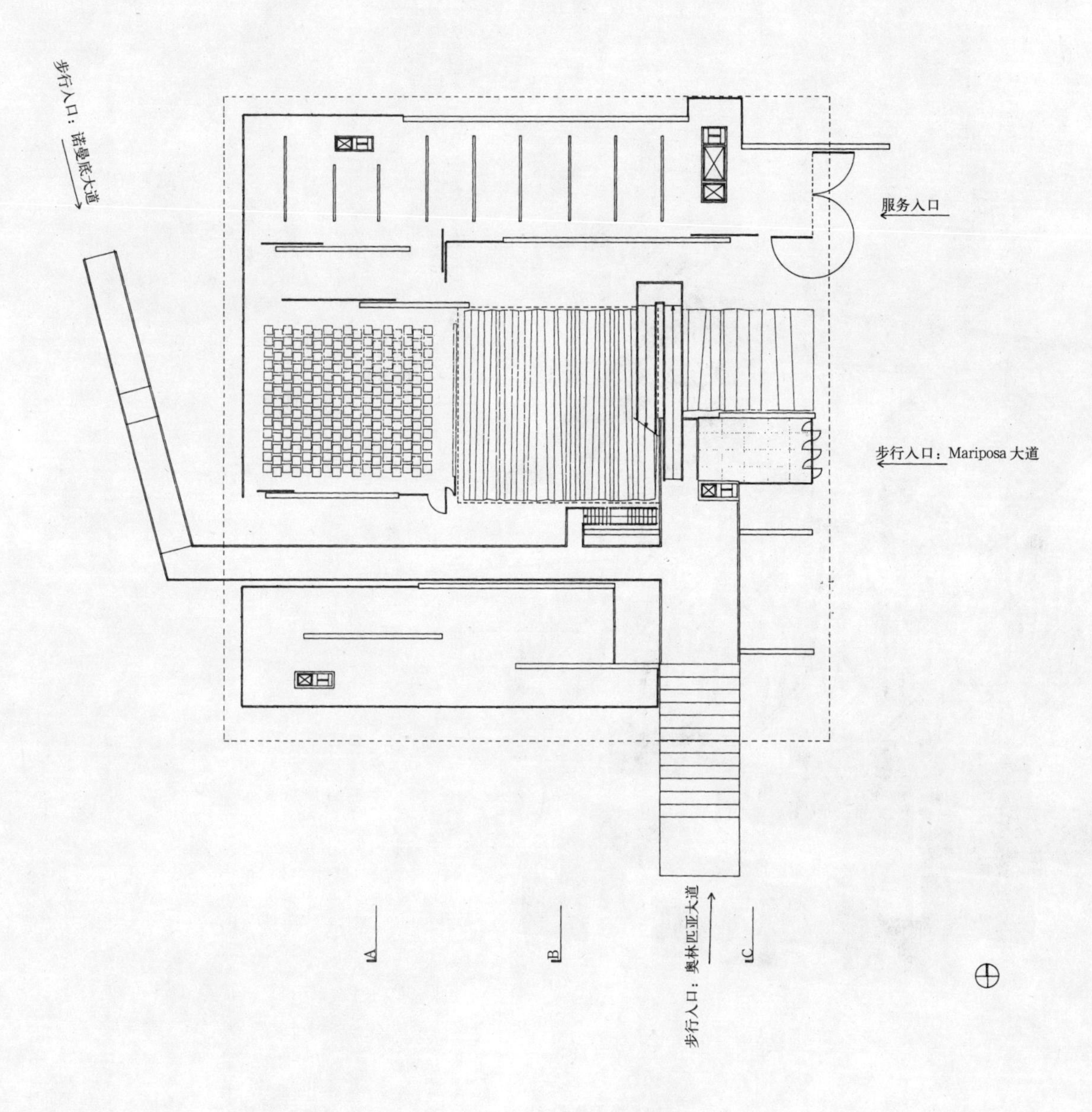

首层平面图

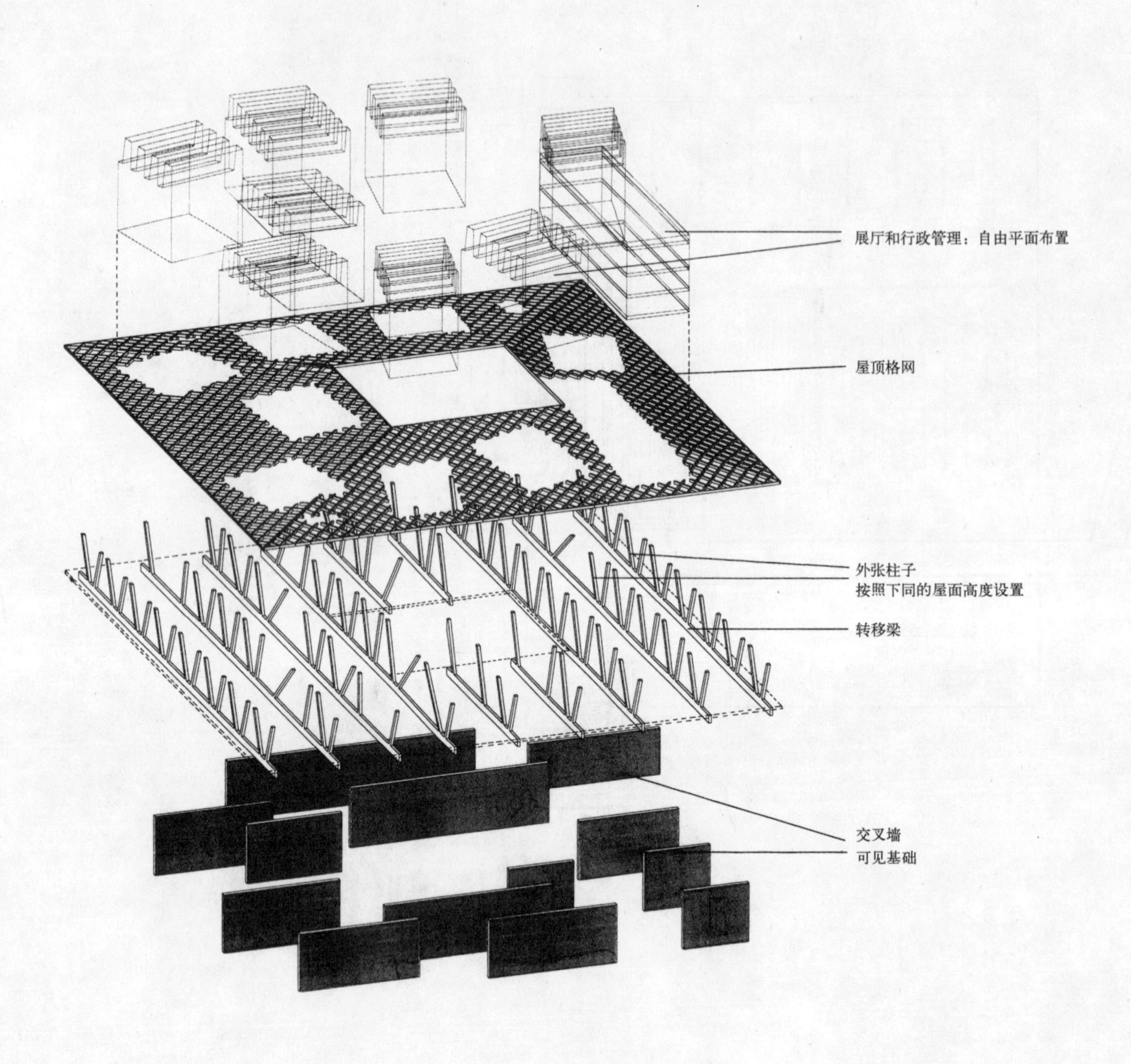

上图：结构系统示意图
下页图：首层平面图与环境拼贴图

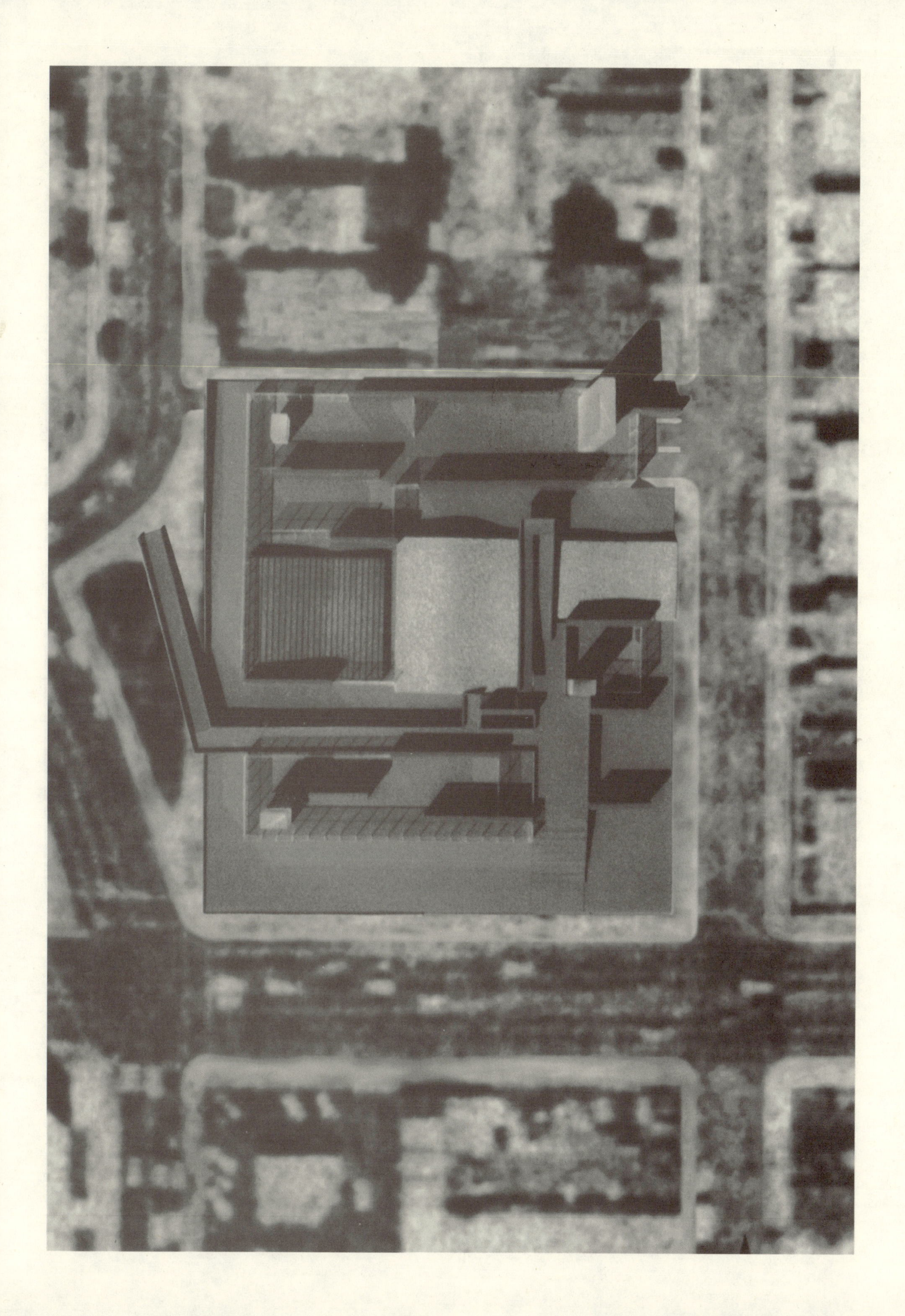

展览层模型

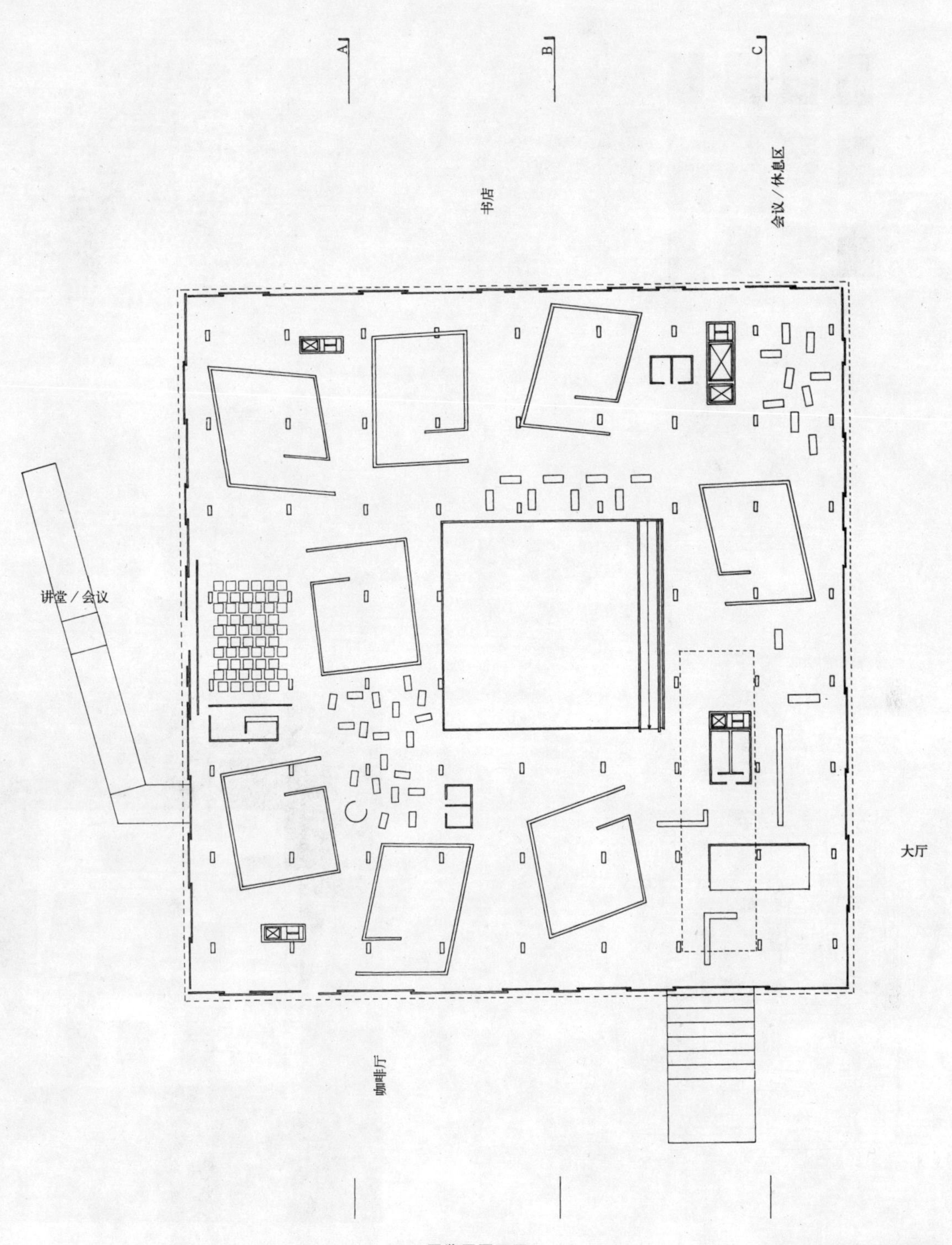

展览层平面图

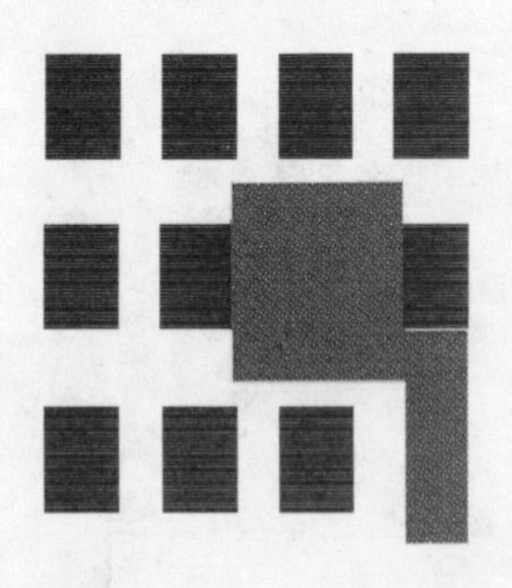

无差别排列

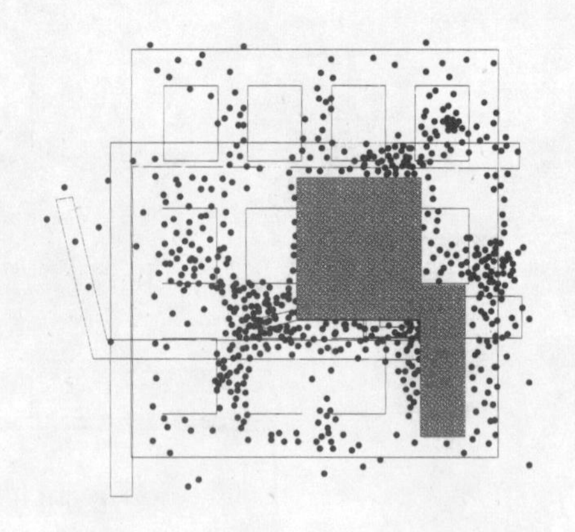

活动分布

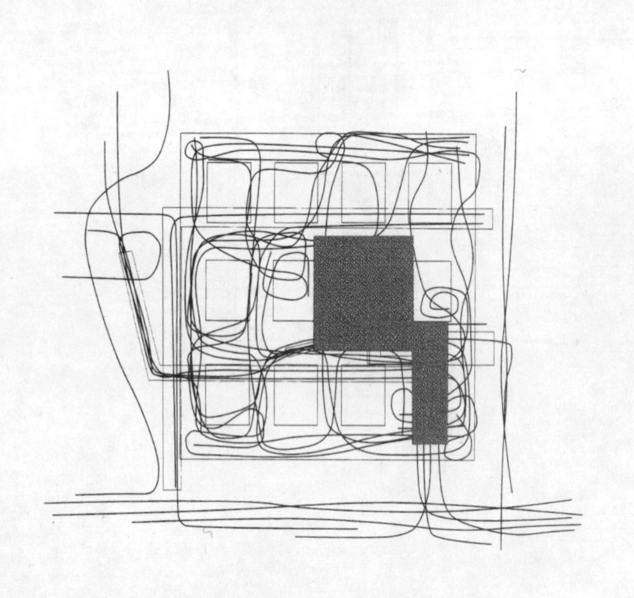

运动形式

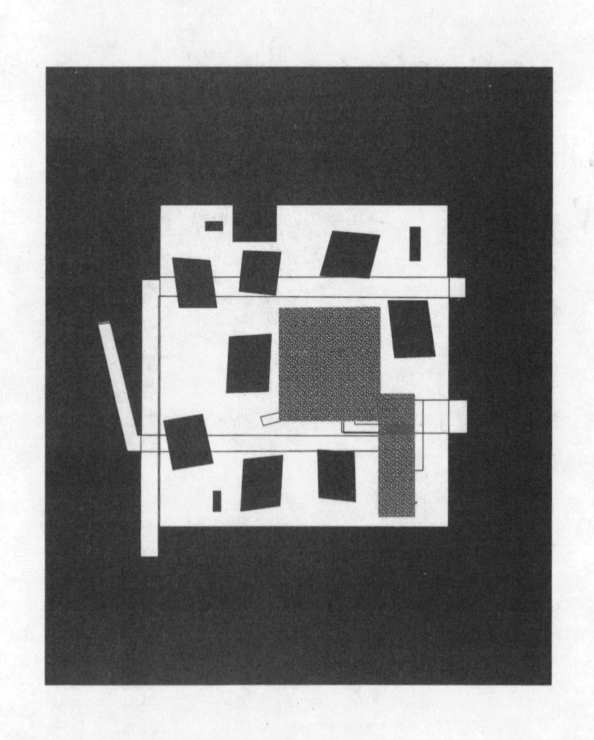

图底颠倒

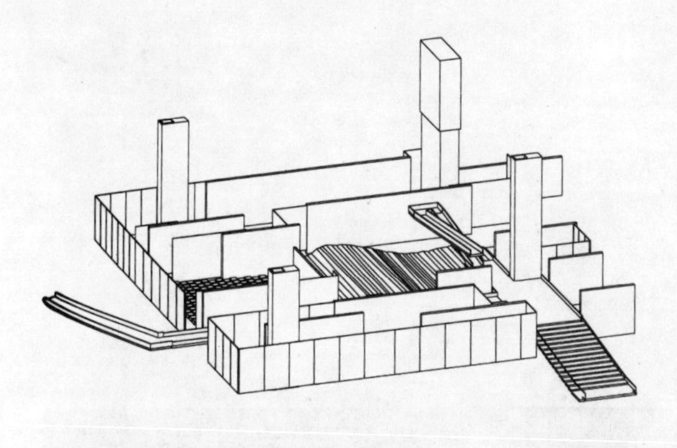

围合与通路

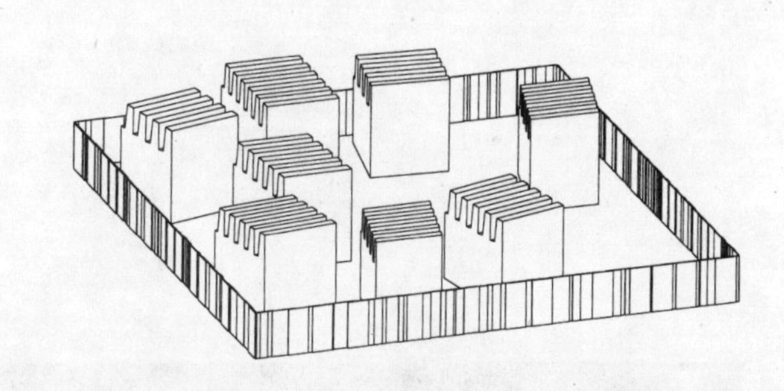

展场内部（recinto）

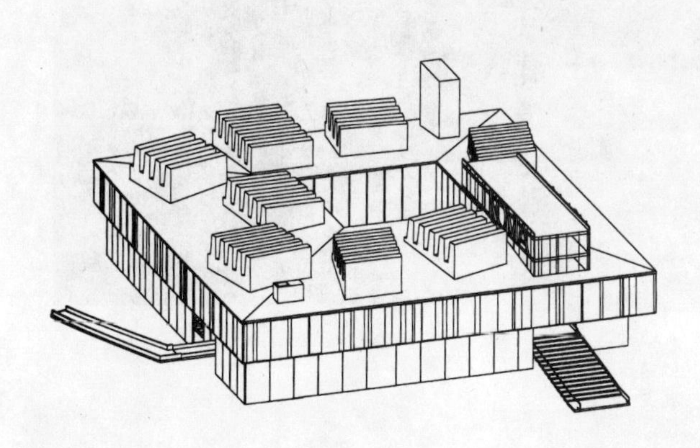

组合

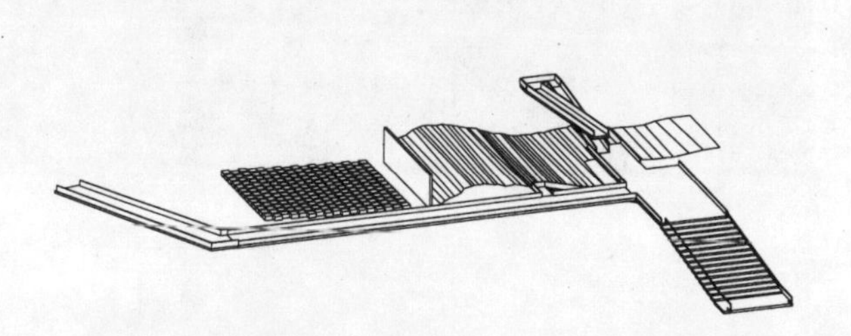

花园与路线

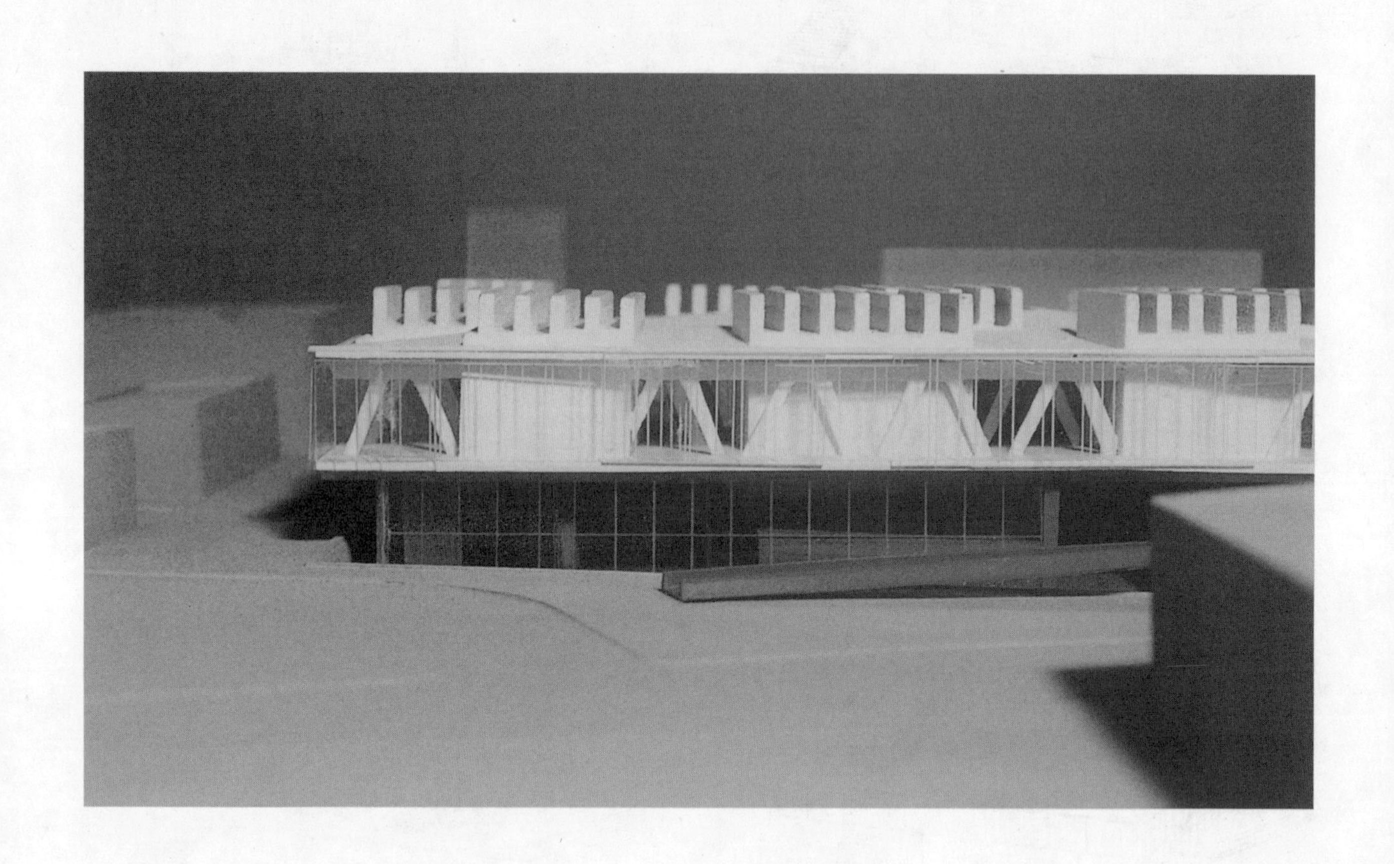

建筑模型立面

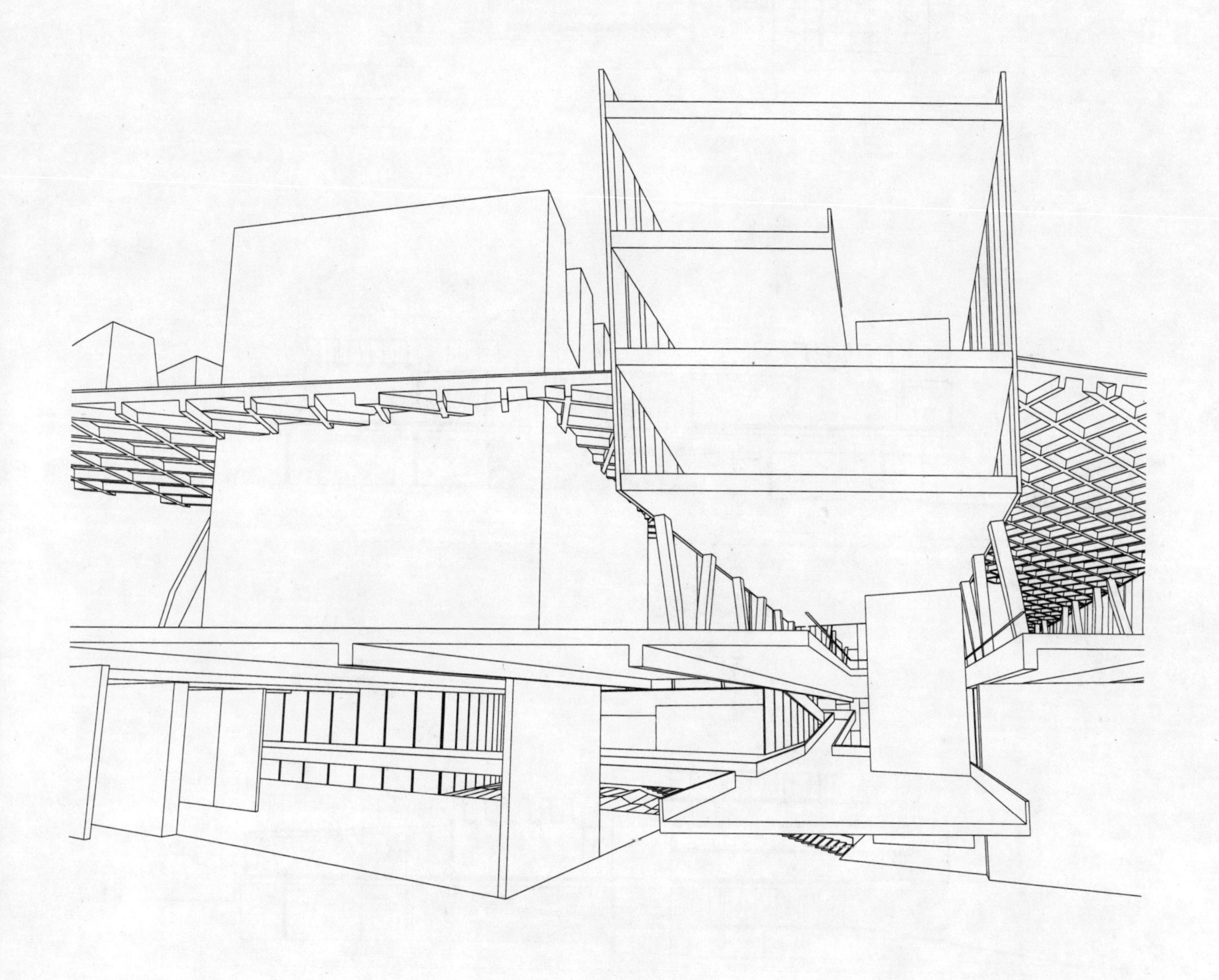

剖视图

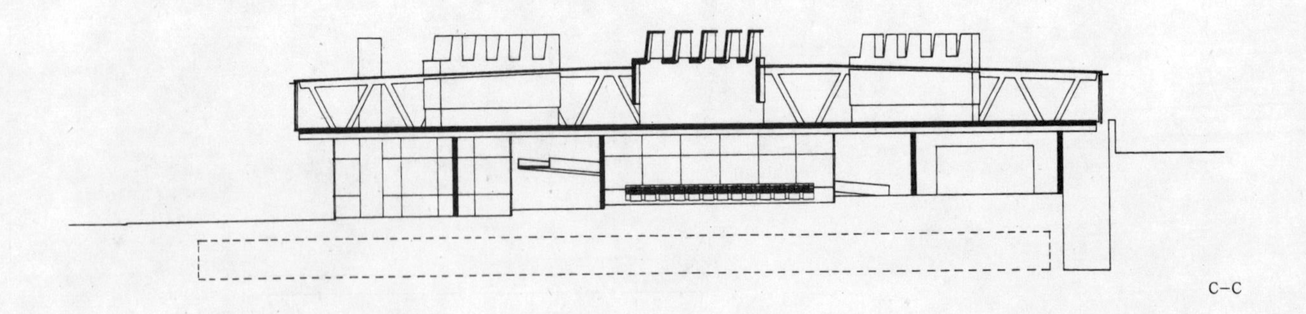

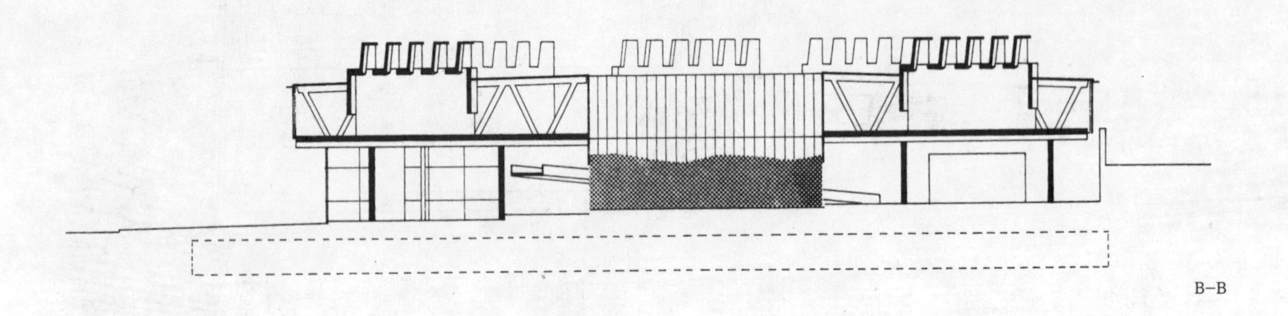

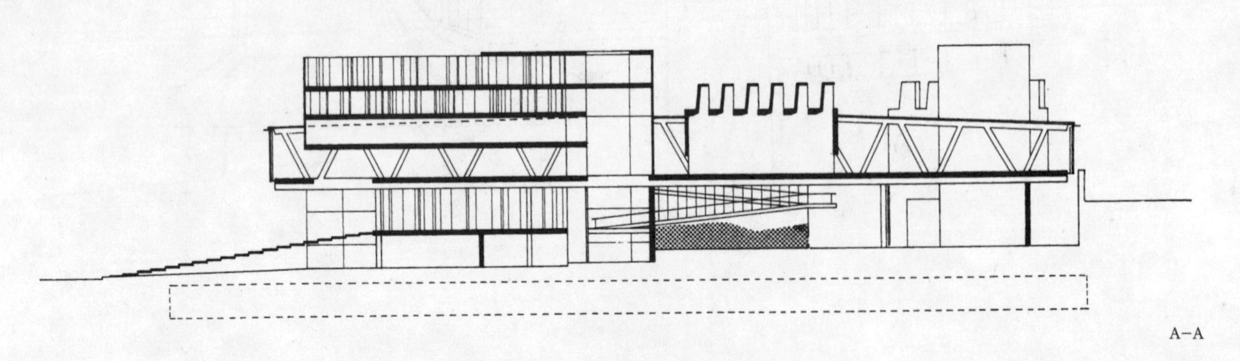

上图：短轴剖面图
下页图：细部模型

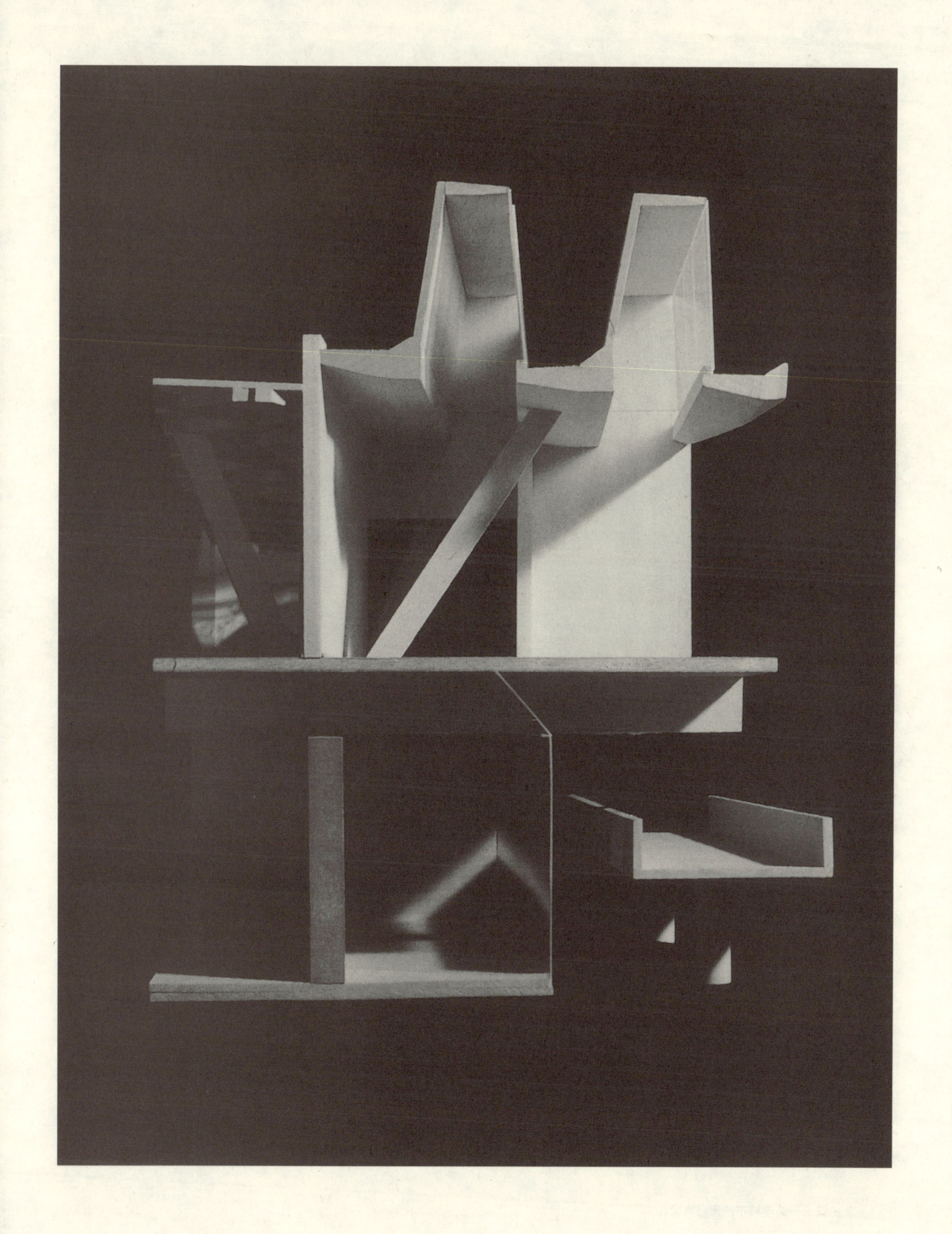

沿街立面图

展览层室内透视

国家议会图书馆，关西县，日本

竞赛项目，1996 年

建筑师：斯坦·艾伦

协　助：坂本勉，坂本美惠子（Mieko Sakamoto）、托埃斯·拉格伯杰格

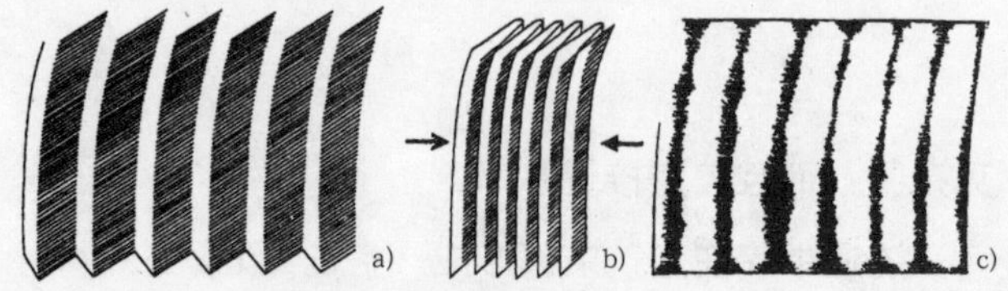

折叠－防染染色：a)折叠织物；b)将织物压在一起；c)织物染上图案

上图：织物染色过程
上页图：斯尼德结构书架系统

关西科学城国家议会图书馆所在的地段是一个毫无特征的环境——几乎完全没有当地的文脉可言。出于这个原因，我们在基地的景观设计中加入了节奏——强、弱、强、弱——贯穿整个建设用地，在基地表面形成其独具的规律。我们在缺失的文脉中，塑造了人造的自然环境。

公共空间被设置在首层，以便与人造景观取得联系。不同于传统的与自然隔离的室内空间，阅览室和各种功能都被视为室外景观的延伸，仿佛一个巨大的信息花园，由柱子组成的森林间，是供读者徜徉的小路、场地、院落和空地。新技术使得信息的分配和交换摆脱了传统机构的笨重形式。

现代图书馆具有双重功能：保存资料（档案化）和分配资料（信息化）。在一个封闭的图书馆，这两方面通常是隔绝的，因而产生类似于“黑箱”的环境，读者不能与档案资料接触。而我们希望图书馆的使用者能够时常感受到图书馆丰富馆藏的存在。为了达到这个目的，我们使用了“斯尼德书架系统”(Snead Stack System)的变体，这是一种20世纪初美国常见的书架结构。通过对“斯尼德”系统结构技术的改进，我们将流通中心设置在密集的矩阵结构中，它位于建筑物的核心部位，不仅读者和学者可以看到它的所在，也可作为从外部观察建筑的符号性标志。

建设的功能布置没有进行等级划分。单元之间的连接是根据功能需求，而不是按参观顺序设置的。分散式布局的周边，是界限模糊的建筑围合，在建筑环境和其内部的活动之间形成一种不太明确的分隔。局部的通透暴露了容器和内容之间的错位。这些围合部分与内部元素之间的缝隙空间，产生了经过设计的不确定性，使得图书馆的功能得到了扩展和充实。

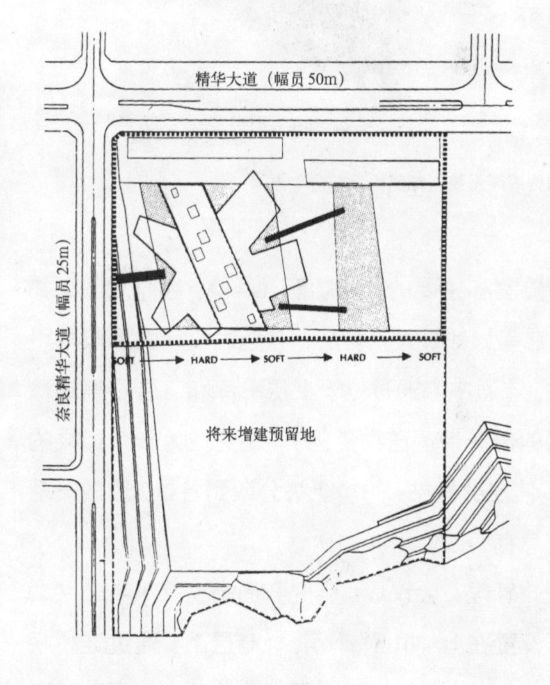

地段示意图

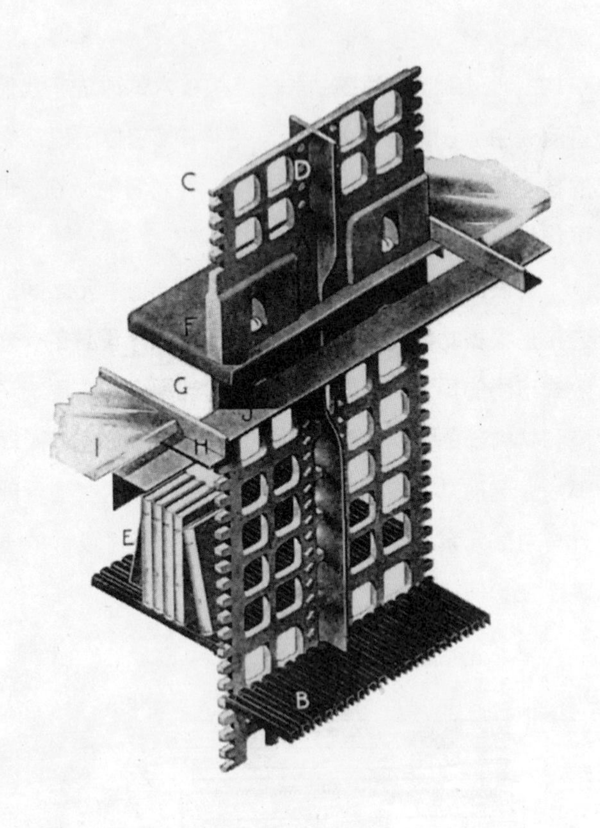

斯尼德结构书架系统（细部）

阅览室和主要的公共功能（入口、咖啡厅、储物处、书店等）都设置在首层，与经过设计的地段取得连贯性。流通中心通过位于上层书库和下层密集储藏区之间的传送带运送物资。为了避免成为一个孤立的所在，"信息交换站"的功能被分散到各处，形成一系列的信息岛。

行政管理、会议厅、研究和图书交换（半公共功能）都设置在16.4ft（5.5m）标高层上，通过连桥相互连接。这些功能都设置在图书馆公共空间周边的可见范围，而且较为接近书库。

流通书库在建筑中部形成一条链，设于公共和行政功能的上层。流通站设在这条链的两端，以便于通过传送带有效地将资料分送到下层的阅览室。密集书库则设在地下。

建筑入口设在精华大道（Seika Street），面向一个带绿化的停车场，沿红线后退131ft（40m）。来访者需要穿过景观花园从东立面进入建筑。后勤入口设在奈良精华大道（Nara Seika Street），直接通往地下的后勤服务区。

脚印示意图

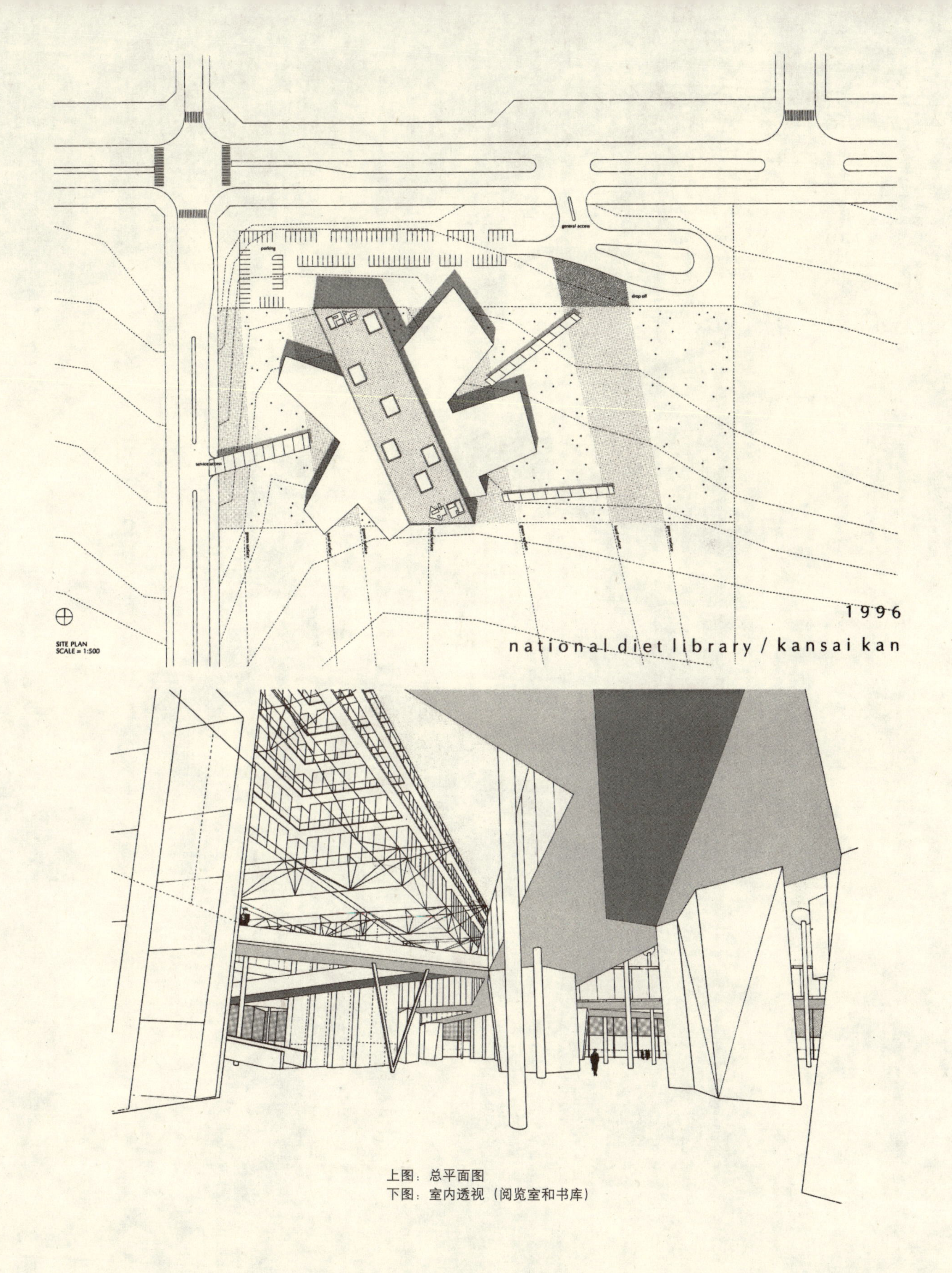

上图：总平面图
下图：室内透视（阅览室和书库）

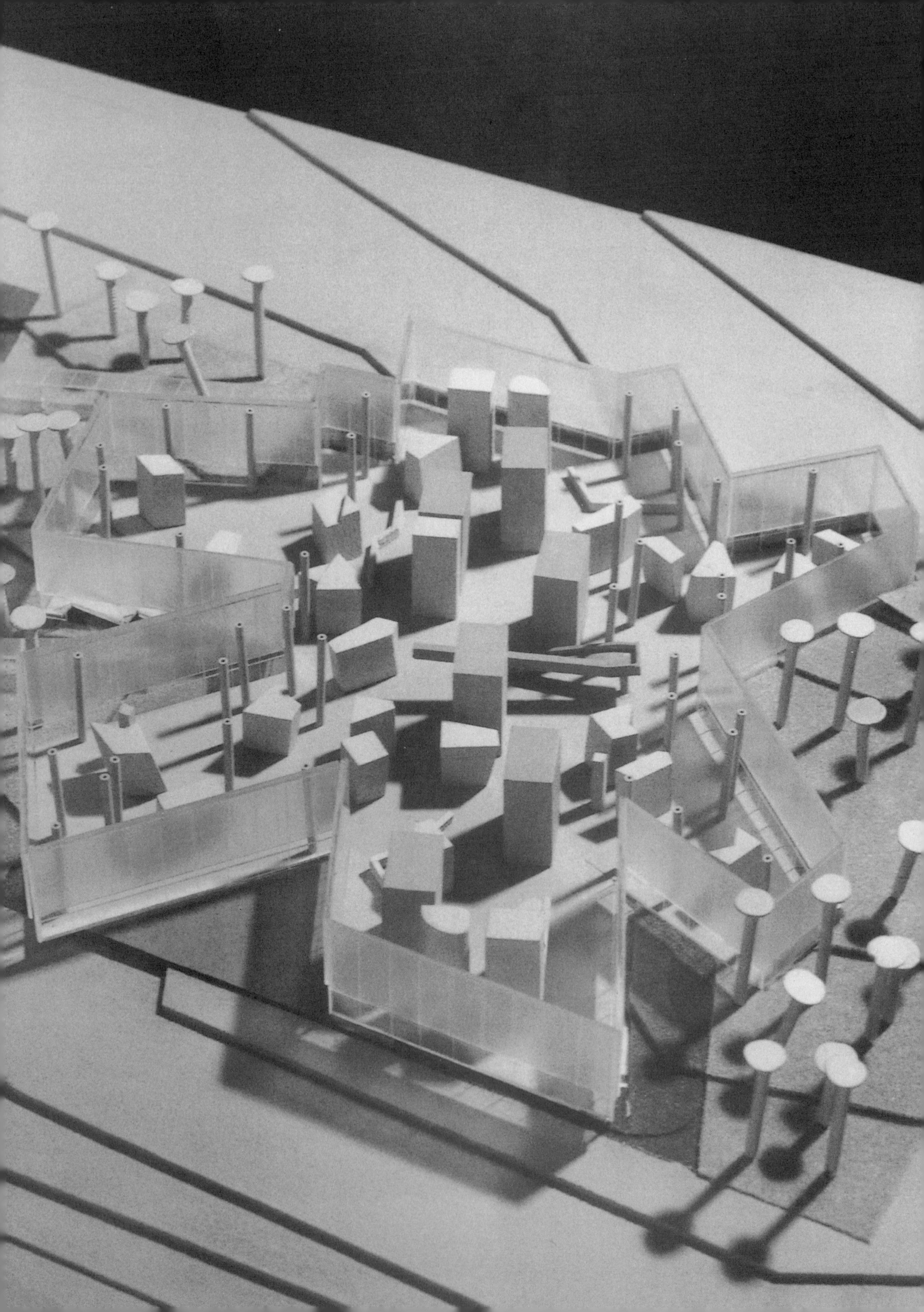

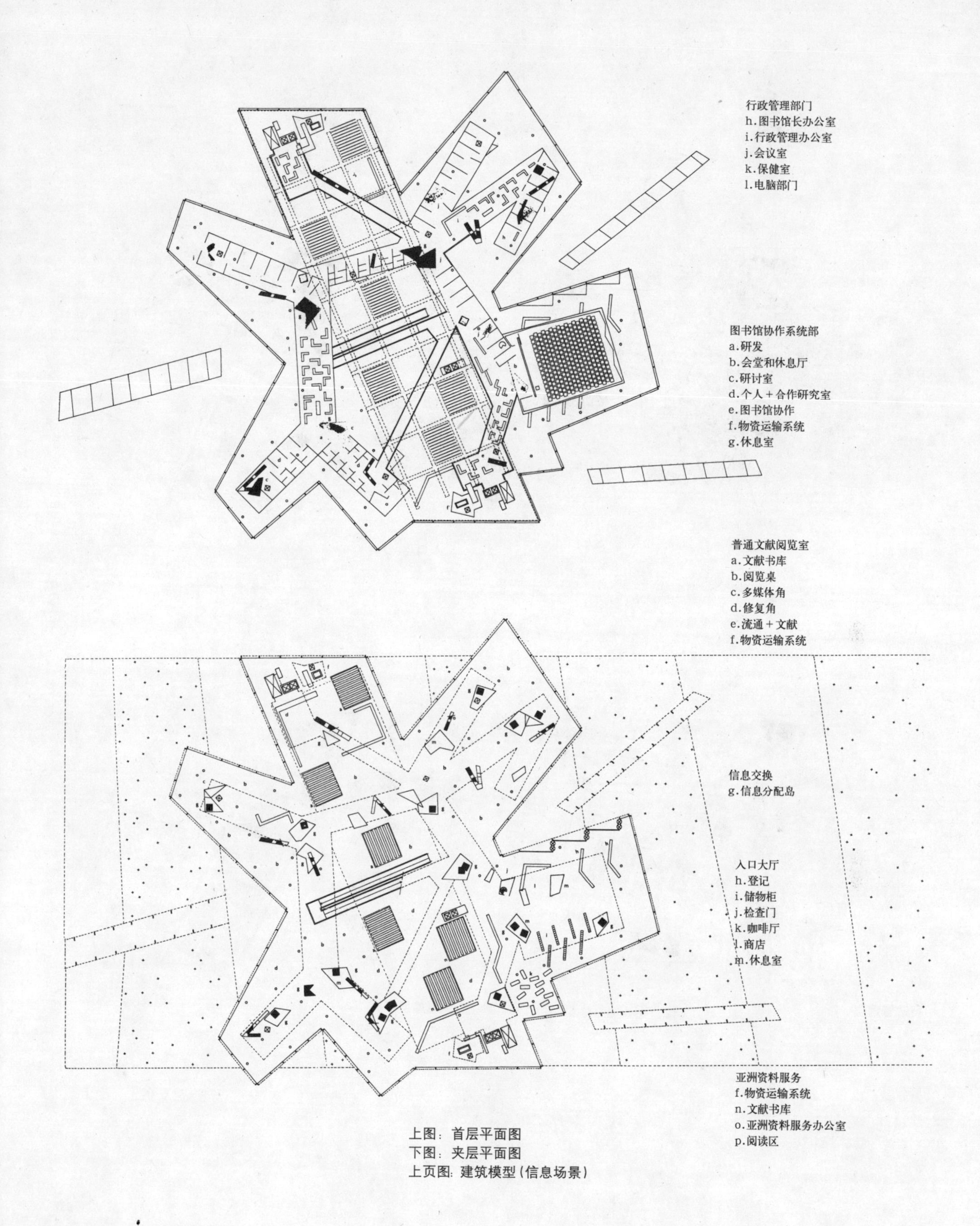

上图：首层平面图
下图：夹层平面图
上页图：建筑模型（信息场景）

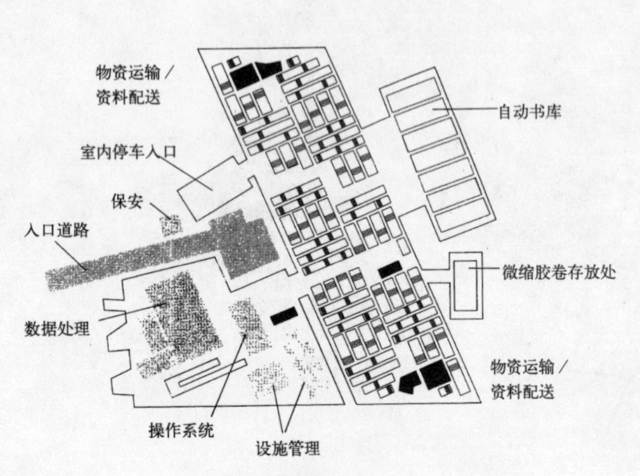

服务层

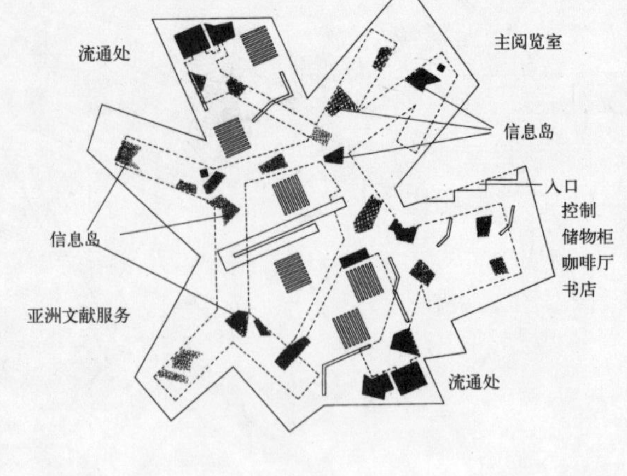

入口层

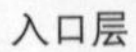

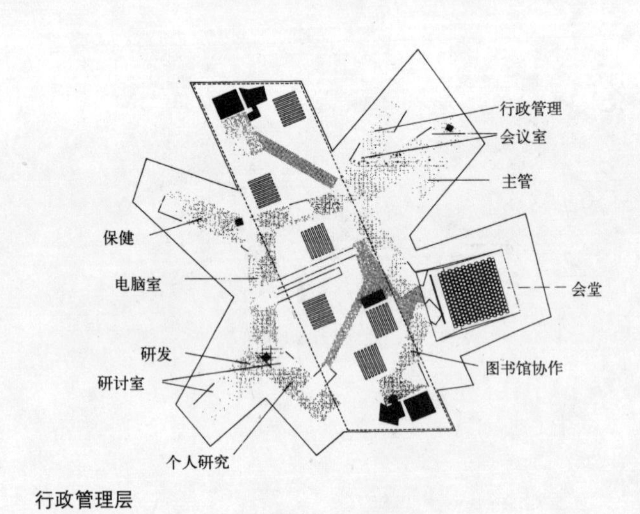

行政管理层

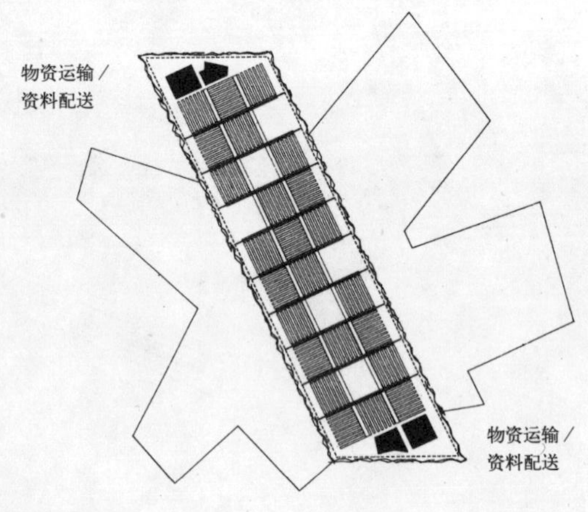

书库层

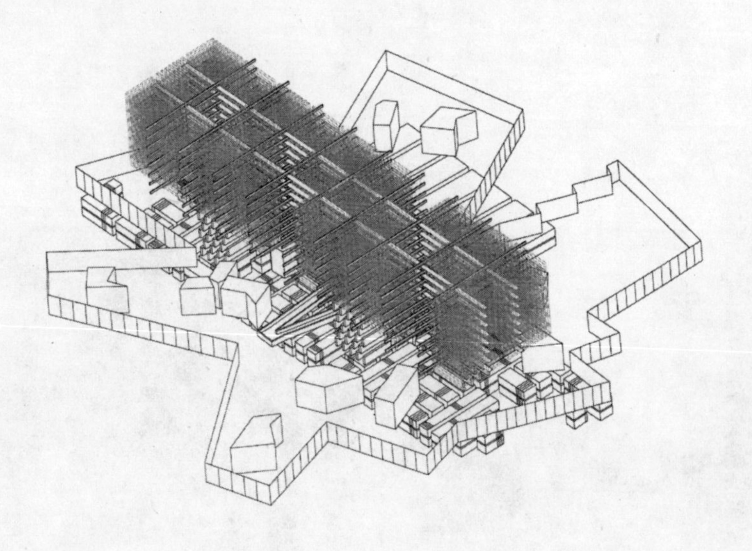

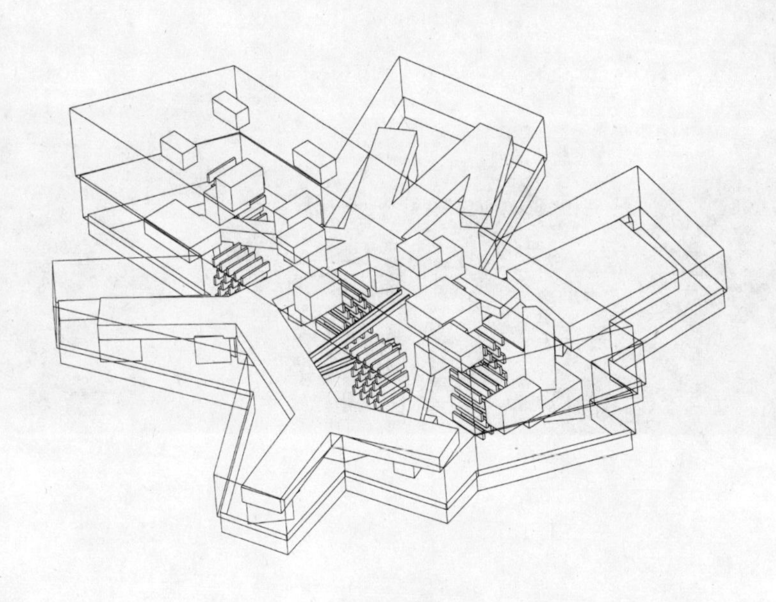

组成示意图
上图：信息空间
下图：休憩空间

室外透视图

上图：模型照片（室内）
下图：模型细部（室外）

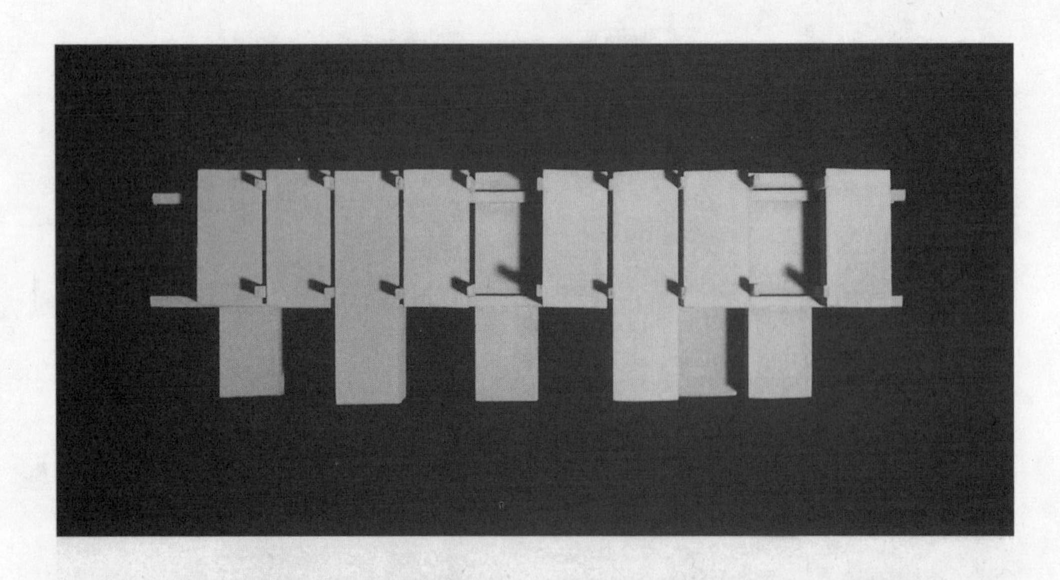

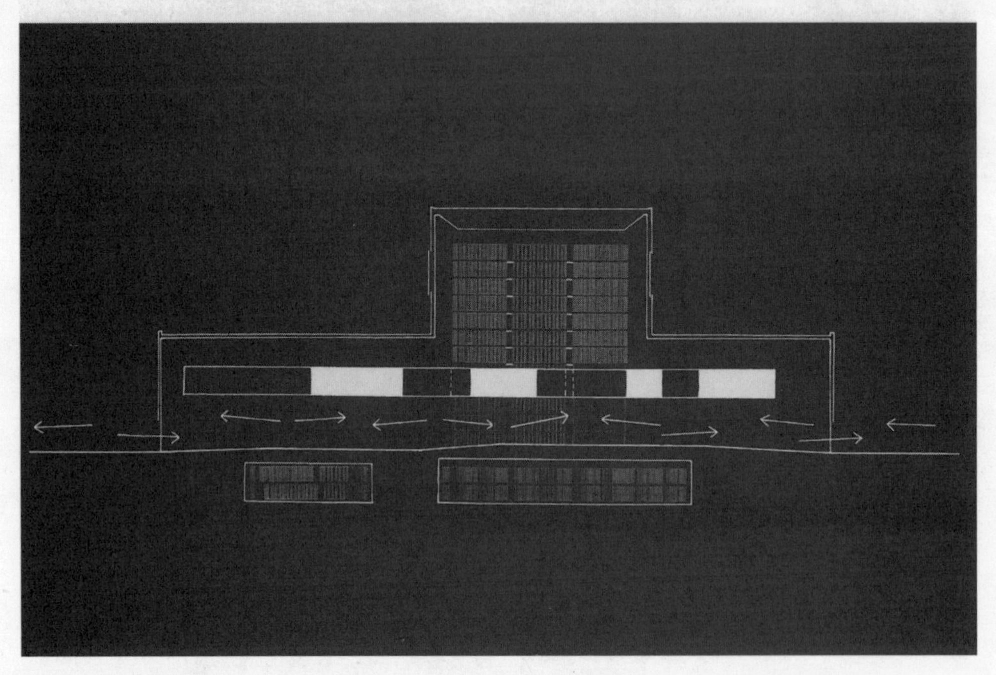

上图：书库模型
下图：剖面示意图

上图：剖面图
下图：外表面细部

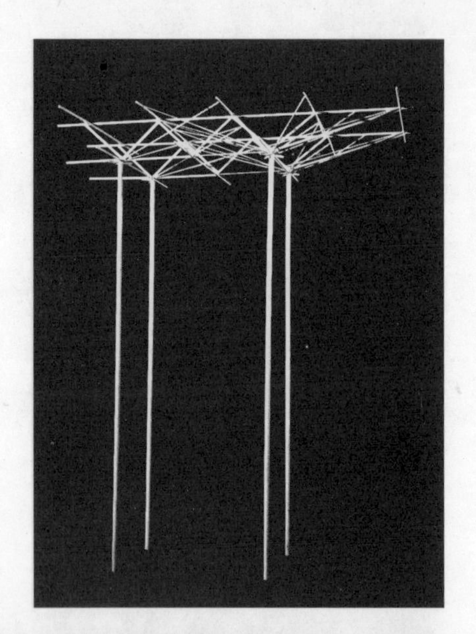

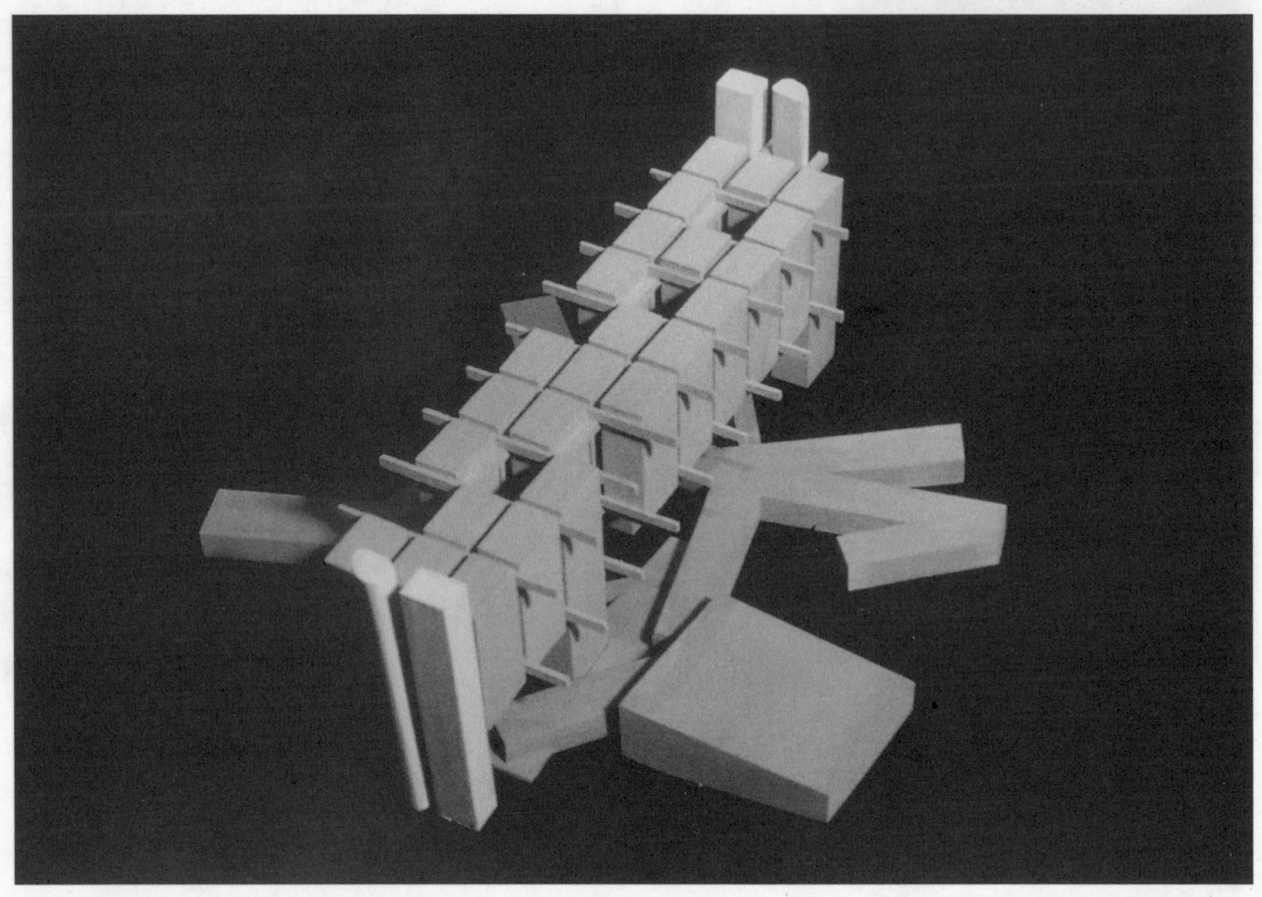

上图：结构模型
下图：书库布局
下页图：书库模型

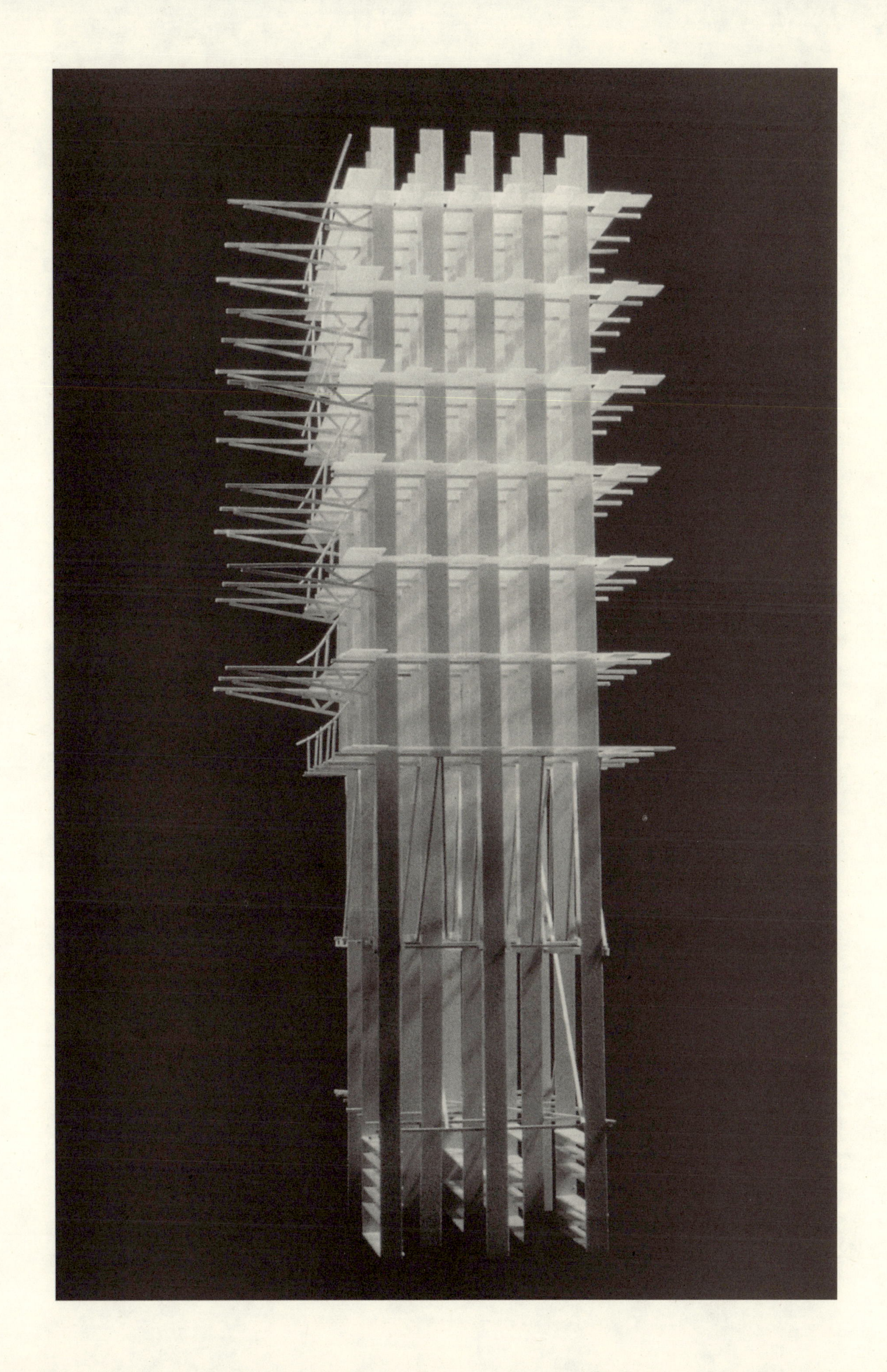

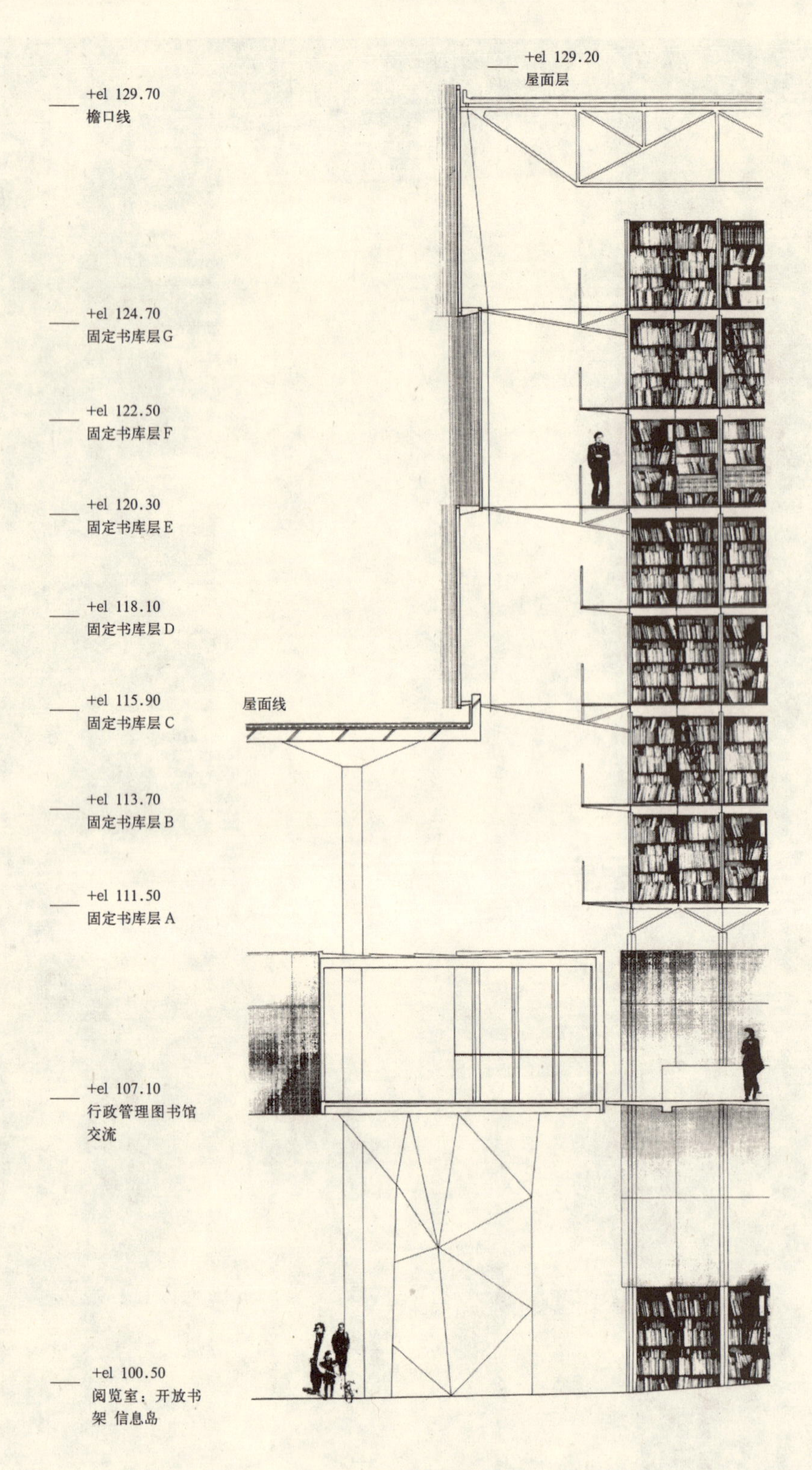

上图：剖面细部
下页图：模型局部剖切

后　记

没有建筑的城市主义

R·E·索姆（R. E .Somol）

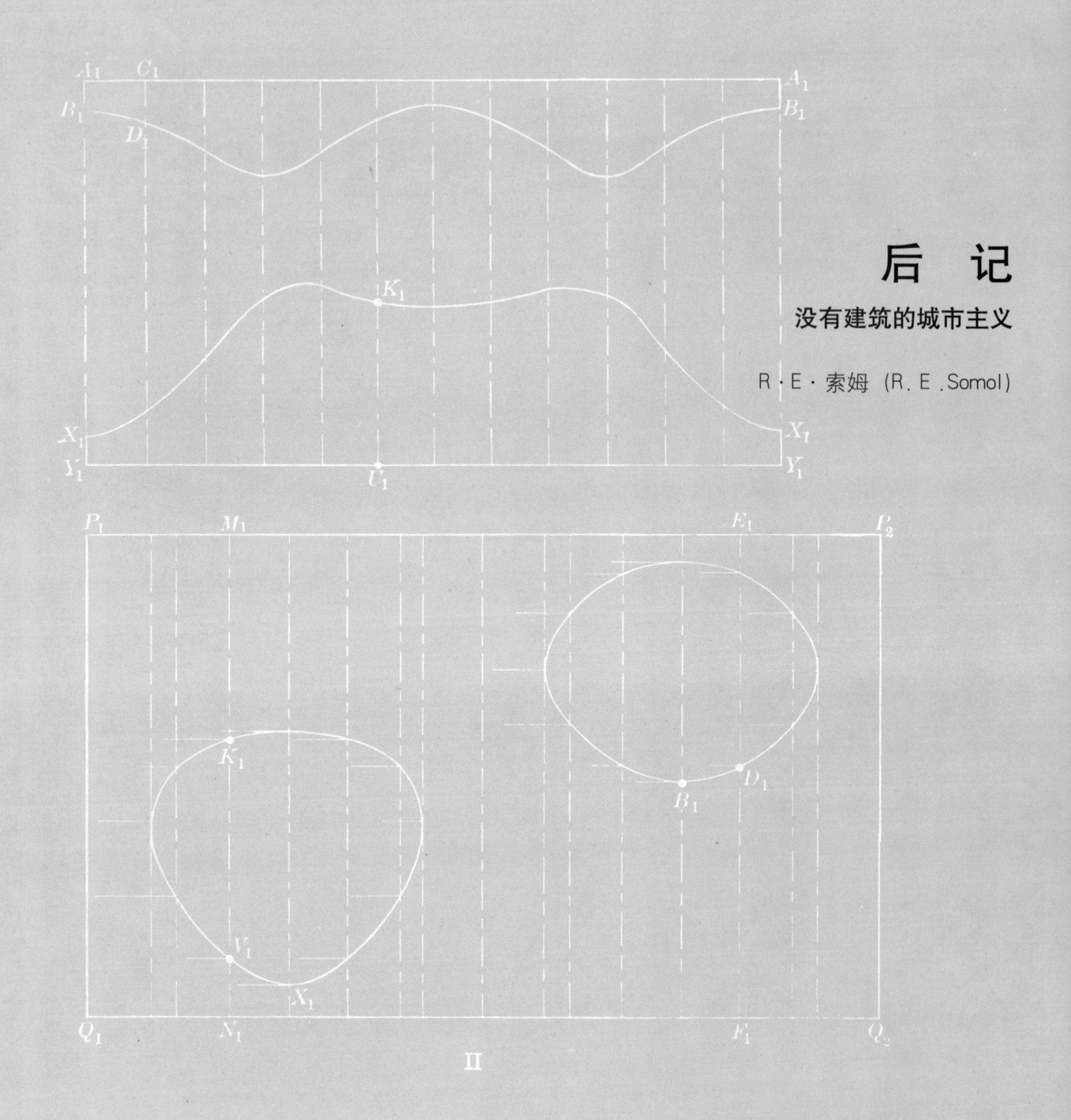

器官将其自身分配到BwO（无器官机体，Body without Organs）中，但它们并不依赖有机体的形式；形式只是偶然的，器官不过就是产生、流动、到达临界和梯度等的强度而已……这不是一个意识形态的问题，而是纯物质问题。

——吉尔·德勒兹和费立克斯·瓜塔里（Felix Guattari）

我渐渐开始理解了没有文化传统的人造景观。

——托尼·史密斯

人们可能会不假思索地就把斯坦·艾伦，这位收藏者和鉴赏者，也是分类整理和编纂理论的专家，称为我们时代的菲利浦·约翰逊或是柯林·罗，如果说这不会夸大他的中心地位，或是让他显得过时的话。而在反对开始出现前，人们应该当即提出这样的告诫：本书展示的内容，是没有漏洞、不带个人标签的系统理论，而不是在外观上带着签名痕迹的作品大杂烩；对有效的非形式主义（informalism）有着透彻理解的领域，取代了对图底关系形式主义（figure-ground formalism）无休止的解释。最终，我们已经很难见到斯坦·艾伦的工作，去理解它看来究竟是什么样子。有人可能会说这里收集的六个竞赛项目"还不够"，而对于其他人，这些足以"举一反三"；书里有些部分看来好像根本就"不是建筑"，而另一些又是"非常图解化"的。可能没人知道他们所说的话重点何在。可能斯坦·艾伦注定是要成为我们的齐利格（Zelig，伍迪·艾伦的一部影片的名字，是个热衷扮演不同身份的人），去模仿周遭纷繁的世界，好像建筑角色扮演症（psychasthenia）的传记故事："他很像，不是说具体像什么，就是很像而已。"[1]

作为一个积极的评论家和推动者，在他的前辈和同辈之中，可能没有人像斯坦·艾伦那样，对于当今国际设计领域有如此广泛的了解。正是他对这一领域方方面面的精通，使得他能够驾驭当代学术争论复杂多变的僵局，灵活地穿行于针锋相对的论战间，这些交锋者包括研究立方体的欧洲极少主义者，热衷泡状物（blob）的美国有机主义者（organicist），关注传统手工艺的道德学者，数字媒体的崇拜者，建构理论的拥戴者，以及社会和环境保护的支持者等等。斯坦·艾伦的作品就这样成功地引入和巩固了一系列时下相互矛盾的潮流：有固定的规则性和柔顺的连续性，强调物质形式而又关注抽象符号和感应，重复的结构元素伴随着从景观生态学借鉴来的有机组织。

丹尼尔·里伯斯金（Daniel Libeskind）的《建筑

   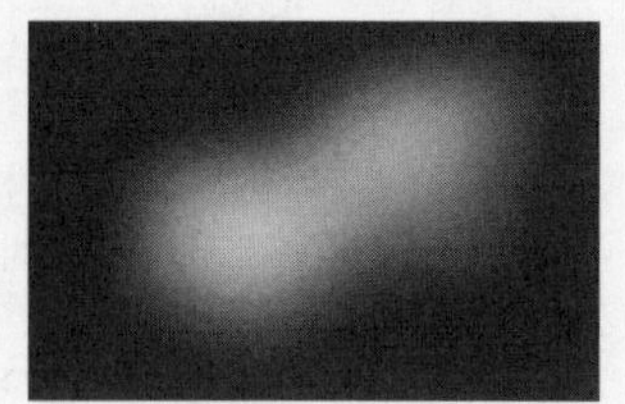

高斯模糊的顺序

三课》(*Three Lessons in Architecture*)，肯定了第一代新前卫派的重要见解，而艾伦的组织和主张则培养了第二代的投射技术(projective technique)，尤其是里伯斯金自己，还有伯纳德·屈米、雷姆·库哈斯等人的工作。其工作的核心经历了一个从言语批判到学院派设计的变化过程，并解释了为什么会这样——当今建筑界的争论已被可塑性的和基础建设的、形式的和实践的、具像的和表现性的等等概念弄得精疲力竭——而在他的工作实践中，对于这些概念中的后者的强调更甚于前者。当然，情况并非如此简单，如果有人注意到伴随着工作的大量讨论，恐怕也已经产生了类似的疑惑。相对致力于容纳设计和建造之间与生俱来的对立的建构学说，纯正的图解式实践应该被理解为新前卫派早期对于表意体系的研究和其后对新的有组织编排的探索二者的混合体。建构理论将建筑视为可读的结构符号，防止任何贪图便利或是文化投机的潜在可能出现，图解式实践则反对这种倾向，它在障碍周围流动，什么也不抵制，在事物充实的体内产生了更多的表意过程（既有技术上的，也有语言上的），认为符号与特定社会机体结构是有所联系的。

建筑师在其中担负的并不是通常的角色，他或她成为一个信息的组织者和沟通者，在这里"力"(force)是作为水平和不确定（如经济、政治、文化、地区、全球化等）条件出现的，这不同于受垂直条件的决定性限制的情况，如对重力的控制、抵御，静力学和荷载的计算等。正是通过图解的方式，这些新的事物和行为，以及它们所具备的不同的自然系统和多样性，能够被认知并相互联系。艾伦的各种"物质概念"提出了一个重要观点，就是只有通过表现和符号的抽象模型，建筑才能获得更大也更复杂的尺度。现有的建筑的"真实"实践是由大量抽象内容的文献构成的，如建造和税务代码、市场预测和利率，条例和地方法规，精算表格和人口统计等等，这些都是建设过程中物资的方方面面。因此，与“真实世界”的交锋，并不意味着要回到想像的本质（即“建筑本体论”，ontology of construction），或松散的现象学所产生的主观经验主义个体论。图解式实践揭示了周围的环境，并提供机会促使我们认识到，其实现实就是一个虚幻的场地。

艾伦对新前卫主义进行了改造，成为部件相互连接的整体而不是一系列独特的个体，成为实际操作而不是纪念碑，成为未来可能的实践中的组成部分。为了重复和制度化前辈的成果，他运用了米歇尔·福柯所说的“陈述”来构筑这一理论的框架。陈述在效果上是制度的推论性（discursive）方面，而制度则是陈述的非推论性（nondiscursive）结果，陈述与重复之间有特定的联系。

陈述，不是那种可以断然辨认的东西……它来源于物质性，表现为某种状态，参与到各种应用领域，可以被转换或修改，并需要与操作方式和策略相结合，它的特征可能从中得以继续，也可能被抹杀。陈述就这样循环着，应用着，又消逝着，允许或是阻碍某个愿望实现，满足或是抵制各种兴趣，参与到挑战和争斗中，并成为一种利用或是对抗。[2]

在艾伦的研究中，语言和符号系统是作为社会和政治组织出现的。正如吉尔·德勒兹对福柯的分析，相对于命题（proposition，是类型学的、垂直的）和话语（phrase，是言语的、水平的），陈述具有特殊的地位，它们是拓扑的，也是斜向的。而且，尽管陈述很罕见。

没有创新是需要自己被制造出来的。一个陈述总是表现为对分布在相应空间中的特定元素的传播。正如我们看到的，这些空间自身的形式和传播会导致拓扑问题，不能通过产生、开始和创立等词汇就得到充分表达。而在研究一个特定的空间时，这个陈述是否是首次发生，或是它是否涉及到了重复和再生，就更为次要了。真正有意义的是陈述的规则性：它体现的不是平均值，而是整个统计曲线。[3]

从这一观点出发，人们就可以解释艾伦设计中的速度样本了，在设计中引用被分解为信息冗余，抹去了边界、裂缝和任何符号的踪迹。如同打字机所使用的没有规律的字母排列方式——QWERTY——艾伦的项目也是这样的“陈述”，它是语言和工具的机械化界面，不是试图复制传统感受，而是为了描绘“整个统计曲线”。[4]可能就是从这一立场出发，艾伦认识到他自己的工作和MVRDV之间有着某种共鸣，他也用同样的方式来理解雷蒙·鲁塞尔的机械化写作技巧。[5]也正是统计学的倾向，使得MVRDV和艾伦都能通过基础设施的角度来认识城市，并得出大都市就是一个整合的大建筑的想法。

艾伦的基础建设观（或者说是他对城市无意识

的引发）是从他对战神广场的研究开始的，并在对伦敦计划、吉加·维尔托夫的蒙太奇拼贴和克罗顿引水渠（Croton Aqueduct）的研究中得以继续。事实上，这些工作所遵循的历史轨迹——从皮拉内西到电影，再到极少主义——始终表现为一段关于黑暗空间的隐秘历史，一种将建筑、城市的边角部分（poché）与基础设施相结合的设计。相对于刻板的图底关系辩证法所导致的立体派完形理论（cubist-gestalt）的光影关系，或是诺里（Nolli）作品中积极的公共空间，艾伦力图强化场所—场所的结合，以及无穷无尽的波纹绸和梯度熵值呈现的潜在形式。而且，这种无意识的、随机的形式，那不再是一个逐渐增长的"巨型"环境（按照类型学归类，如摩天大楼），而是一个日趋**松弛**的过程（如水平发展的建筑类型，像购物中心、机场、娱乐中心等等）。因此，他模仿"后城市"的无序扩张创建了"松散适应"的建筑，这种松弛的边界形成了所谓的没有建筑的城市主义（UwA，Urbanism without Architecture）。后城市主义出现的标志并不是大都市的消失，而是城市无所不在的增殖。如今，作为一门独立而有限制的专业的"城市设计"已经消失了，取而代之的是一些被称为"景观城市主义"、"室内城市主义"，甚至"基础建设城市主义"的领域，这三个概念与"设计"和"建筑"原本严谨的确认标准都相距甚远。没有建筑的城市主义必定会成为一种新的选择，取代了历史上的城市美化运动和CIAM（国际现代建筑会议），以及近来广受追捧的新城市主义，和社会批评家与地理学者对现代城市的不满。

两次世界大战之间的现代主义城市运动试图用建筑的标准来要求城市，通过建造、规划和条例来控制大都市的混乱。而现在，面对已趋分散的城市，面对已经上升到了新的层次的对城市的理解[如全球化和数字控制论（cybernetic）]，就像一个曾经杂乱无章的市场，经过统计学者们改造而变成单纯的消费主义场所，让建筑又重新回归，喧嚣得到了净化。新城市主义者不赞成"投机的"（包括商业发展和形式实验）做法，也在离奇地重复着CIAM的方式，他们同样试图把"城市主义"安插到建筑上来，如果对手强行偏向于某种特定风格，也会让这种尝试趋向势均力敌的方向。他们把前辈规划师的隐喻具体化，并试图将城市建筑化，把城市看作一个大（古典的或是现代的）房子，一个规则严明、秩序井然的装置。与之相反，艾伦和其他人所做的是减少城市的效果，捕捉或引导城市的能量，因此建筑就变成基础建设，而不是纪念性的形象，或是填充孔隙的构筑物。这种基础建设式的观念经常表现为自由的屋顶元素——具备多种特性，比如"大"、"开放"、"巨大"和"连续"等等——一种既是外向的，又是内向的结构，如普拉多（首轮竞赛方案）、贝鲁特、巴塞罗那等地的项目。没有遵从总体规划的策略，而是以小规模的方式介入，艾伦的设计运用了**后勤学**提供的大量而又奇特的机会，成为没有遗憾的城市主义。

正是这种对物质进行的后勤式的配置，这一交换的盛典，使得艾伦的思考区别于当代社会地理学家和理论家在意识形态批评中流露的对城市的怨恨。尽管爱德华·索雅（Edward Soja）提出了对"发散城市"（exopolis）的深层次怀疑，"城市没有，"[6]艾伦仍然大胆地引申了洛杉矶这类城市所表现的组织规则，如他的韩美艺术博物馆方案，就表现为城市扩张的缩影，其中的公共空间如同服务设施和室内化的景观之间随意遗留的空余。换句话说，KOMA（即韩美艺术博物馆）的设计是在探讨"连续城市场所"所能产生的机会和可能，在这一环境中，"居住、办公、工厂和购物中心都漂浮在培养媒介（culturing medium）中"[7]，而迈克尔·索金（Michael Sorkin）之类批评家的否定可能就显得过于轻率了。即便在早期的加的夫海湾方案中，艾伦就已经开始致力于拼贴、剪接美学的组合规则了，而韩美博物馆的盒中盒（box-in-box）组织形式更活跃了充满空隙的垫式空间。相对于弗兰克·盖里（Frank Gehry）、约翰·海杜克的早期作品，这些设计的外形提供了漂浮其中的连续性，因而将索金在扩张理论中予以负面评价的"培养媒介"形象化了。同样，对于被特雷弗·博迪（Trevor Boddy）贬低的"相似城市"（analogous city），艾伦也有意显著提升它的效果。博迪感到，这种基础建设（如隧道和桥梁）的城市主义危险地背离了传统城市纯朴的公共生活。[8]但博迪只是怀旧地希望恢复植根于放射性或是网格状街道确定平面之上的公共生活，他把基础设施看作条理分明的完形城市的骨架，而艾伦追求的则是城市片断的公共性，即加厚的表皮，常常是基础设施的综合（比如KOMA的夹心结构，将若干堵平行的混凝土墙和各种管道的系统结合在一起）。

阿尔伯特·蒲柏（Albert Pope）近来提出，当代后城市和远郊区的组织"并非随机的'无序扩张'，而是一种先进的，间断且分散的统一体。"[9]这比索金编辑的社会批评家和地理学家的合集《主题公园的变异》（*Variations on a Theme Park*）更具连续性，可能也更详细。换句话说，对于蒲柏而言，这种貌似疯狂的行径其实有章可循（当然也可能是糟糕的）：

> 可以看到居住小区、办公园区、商业中心、机场、人行天桥、高层建筑区和高速公路等，显然都是同一个模板的产物。这种外貌上的统一形式让人们非常强烈地意识到，当代城市发展正在经历严重的无组织、无控制的"无序扩张"。城市中的大部分元素，尽管尺度相差很大，都遵循着同样的规则，相对于通常对城市的认识，这样形成的整体是完全陌生的。退一步说，如此"通透"的形式在社会和政治上所能进行的暗示也是值得怀疑的……促使城市如摘般进行无序活动和导致典型大都市的彻底瓦解，其实都不过是大规模的对责任的逃避。[10]

如果不考虑蒲柏的辩驳，艾伦的工作表明，40年来建筑对于表现的迷茫（无论是在后现代主义还是在结构主义的伪装下），以及对于重返简化的"现实"的无能为力，才构成了建筑真正难以承担的责任。相对于将建筑的垂直面作为可供公共生活可辨识媒介的做法——它清楚地区分了室内和室外、公共和私密，体块和基地，以及诸如此类的事物——艾伦的UwA则扮演了更具表现性的角色，建筑在其中成为自然和人工系统、室内和室外活动在水平连续上的交换媒介。他将大型的屋面组织技术应用于其大规模城市构想的落实中，他在公共建筑的设计中，通过对即兴围合和极度包装的引用实现了这一交换。艾伦区分建筑的标志不是"墙"，他和同道一起重新调整了大都市影响下的建筑规则，使之更容易与基础设施、景观和室内设计等内容相结合。

1997～1998年，在密斯·凡·德·罗的IIT校园内进行了一场学生中心的设计竞赛，出现了两个可以显示出当代建筑学的目标正在转移的方案。其中，OMA的设计利用完全随机的围合，形成一个密集的室内城市环境，而彼得·埃森曼的方案则把学生中心埋到经过处理的景观绿地下。这两个方案，让建筑成为完全室内的，或是完全景观的，它们取代了用墙壁界定的，传统、具像、机构式的建筑。而在他们之前，艾伦设计的关西国家议会图书馆就已经成为一个随机的"信息花园"了，其中的阅览室和景观是连续组成的，仅仅采用随意的围合形式作为转换，围合本身是兼具自然和人工特质的表皮，能够过滤阳光和电子信息。这种边界模糊的手法，可能在普拉多方案的通用条形码城市主义中得到了最为充分的发展，加建的部分成为花园的延伸，这一方案全部采用无穷无尽而又单调的黑白条纹，组成了入口、观众厅、展厅、图书馆等主要体块。

光影的、完形的建筑和城市模式，强调体形一场所的关系，还要清楚地表明它们是如何得到体形一场所间的平衡的，而相对地，斯坦·艾伦近来将工作转变为系统化的试验性创作，研究潜在的、无穷的、如墒一般的场所一场所的组织方式。这一背景的丰富资源，不仅使那些曾经作为正统建筑学的边缘领域得到了重新认识（如景观、室内设计和基础设施），也同样提供了新的途径去设想和处理城市的群体活动。艾伦的设计是从专业角度出发的，电影《低俗小说》（*Pulp Fiction*）中主观城市主义的写照。在那部电影里，所有

普拉多美术馆，马德里（方案），1995～1998年，模型

重要情节都是在浴室和汽车里，也就是那些建筑和城市背后的盲点中展开的。就像托尼·史密斯深夜驾车在新泽西未建成、废弃的收费公路上游荡，或是唐纳德·贾德对于统计曲线的解释"仅仅是秩序，就是一个接着一个的意思"，斯坦·艾伦的工作关心的也只是黑暗中的东西，当那历史性的一刻来临，大都市不再被它视觉的、等级森严的部分困扰，演绎城市形象的将会是多种多样的随机活动，它们在其表面舞蹈，产生一会儿是商业的，一会儿又是批判的，种种不确定的排列方式。就像Visa和id，UwA也是无处不在。

注释：

1. 罗杰·凯卢瓦（Roger Caillois），模仿和传奇的神经衰弱，10月31日，1984年冬季刊，第30页。
2. 米歇尔·富科，知识考古学和话语的秩序，纽约，Pantheon出版社，1972年，第105页。
3. 吉尔·德勒兹，福柯，明尼阿波利斯，明尼苏达大学出版社，1988年，第3～4页。
4. 富科，知识考古学，n.3，第86页。
5. 斯坦·艾伦，人为生态学：MVRDV作品，草图（EL Croquis）第86期，1997年，第26～33页。
6. 见索雅《外向城市中：橘郡场景》，选自《主题公园的变异》，索金编，纽约，Noonday出版社，1992年。
7. 索金，《主题公园的变异》的前言，第12页。
8. 见特雷弗·博迪的《地下和头顶：建造相似城市》，同样选自索金编《主题公园的变异》，第152页："我们应该警告所有把自己视作'恰当的'基础建设的对城市激进的干预。"
9. 阿尔伯特·蒲柏，梯子（Ladders），纽约，普林斯顿建筑出版社，1996年，第222页。
10. 同上，第222页，第224页。

斯坦·艾伦：作品年表

方案和建成项目，1981～1998 年

艾弗里电脑工作室，纽约，美国，1994 年，细部

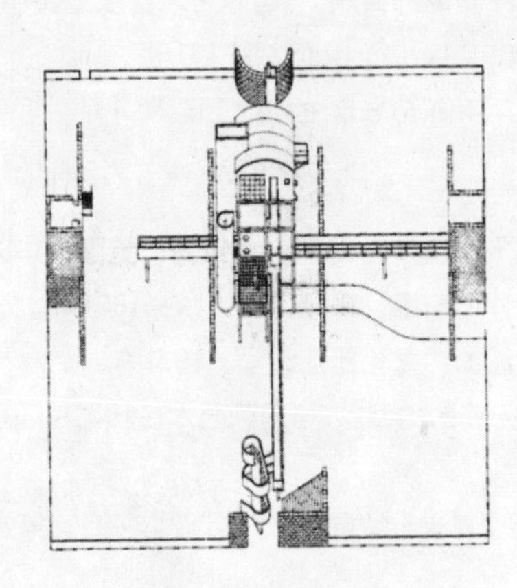

轴测图

新建筑住宅设计竞赛（Shinkenchiku Residential Design）（竞赛：优秀奖），1981 年

发表：《日本建筑师》（*Japan Architect*），1982 年 2 月，第 42～43 页。

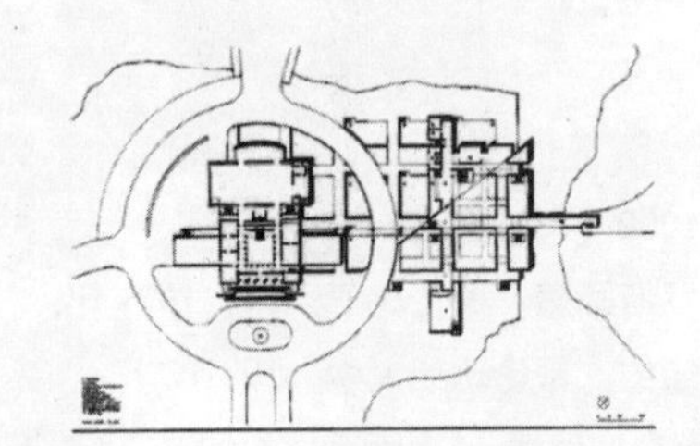

总平面图

新奥尔良艺术博物馆竞赛，方案，1983 年

合作：麦克·海克

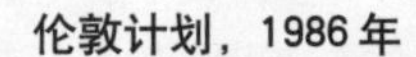

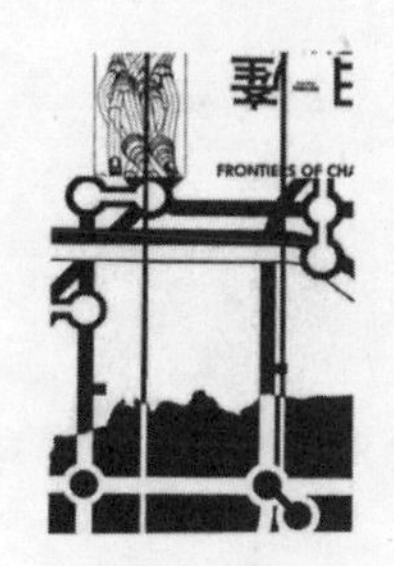

城市评价细部

伦敦计划，1986 年

合作：麦克·海克

展出：伦敦计划，艺术家空间，纽约，1986 年。

发表：《伦敦计划》（纽约，普林斯顿建筑出版社，1988 年），第 6 部分。

珍妮特·艾布拉姆（Janet Abrams），“从纽约看伦敦”，《蓝图》，1987 年 3 月，第 46～47 页。

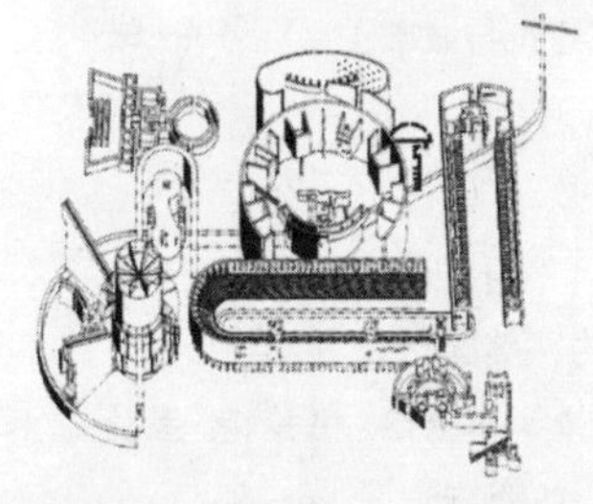

设计图

“皮拉内西的战神广场”（1986～1989 年），2001 年的建筑竞赛，东京，日本，1985 年，二等奖

发表：《日本建筑师和 A+U 合集》，1985 年夏季刊，第 44～45 页。

维多利亚·盖布尔（Victoria-Geibel），“变革的预言者”，《大都市》，1987 年 5 月，第 46～56 页。

“在迷宫中：皮拉内西和罗布－格里耶（Robbe-Grillet）之后”，《普拉特建筑学报》（*Pratt Journal of Architecture*），1989 年，第 55～58 页。

“皮拉内西的战神广场：试验设计”，《群聚》（*Assemblage*）第 10 期，1989 年，第 71～109 页。

《当代建筑画》，纽约，艾弗里图书馆百年纪念，1992 年，第 7 页。

艾米·利普顿画廊，纽约，美国，1989～1991年

展出：绘画和建筑之间，罗斯画廊，哥伦比亚大学，1991年。

发表：《40个未满40的》（*40under40*），《室内》，1995年9月，第53页。

帕特里夏·菲利浦斯，无题的回顾，《国际艺术论坛》（*Artforum International*），1991年10月，第10页、第131页。

"绘图／模型／文字"，《建筑与城市主义》，1992年4月，第40～67页。

展出空间

虚构／非虚构画廊（fiction/nonfiction Gallery），纽约，美国，1990年

展出：《绘画和建筑之间》，罗斯画廊，哥伦比亚大学，1991年。

发表：《绘画和建筑之间》，纽约，哥伦比亚大学，1991年。

帕特里夏·菲利浦，无题的的回顾，《国际艺术论坛》，1991年10月、第10页、第131页。

"绘图／模型／文字"，《建筑与城市主义》，1992年4月，第40～67页。

展出空间

白柱子画廊，纽约，美国，1990～1991年

展出：《绘画和建筑之间》，罗斯画廊，哥伦比亚大学，1991年。

发表：《绘画和建筑之间》，纽约，哥伦比亚大学，1991年。

帕特里夏·菲利浦，无题的回顾，《国际艺术论坛》，1991年10月、第10页、第131页。

"绘图／模型／文字"，《建筑与城市主义》，1992年4月，第40～67页。

立面图

埃布尔住宅（Able House），阿彬顿（Abingdon），宾夕法尼亚州，美国，1991～1992年

发表："方案"，《哈佛建筑实录9》，1993年，第122～137页。

"绘图／模型／文字"，《建筑与城市主义》，1992年4月，第40～67页。

枢轴门：细部

阿宁（Arning）阁楼改建，纽约，美国，1991年

发表：贝弗利·罗素编，《40个未满40的》，格兰特·莱比兹（Grand Rapids），密歇根州，维塔出版社，1995年，第96～98页。

《布鲁特斯家居》（*Casa Brutus*），1996年春夏刊，第32～33页。

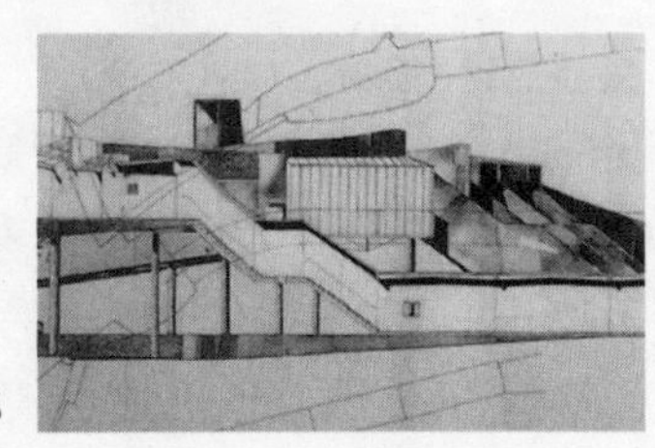
剖面细部

威尼斯竞赛，1991年

合作：热斯·雷塞（Jesse Reiser ）和那纳可·乌梅摩托（Nanako Umemoto）

发表："在某种条件下，它是可行"（It' s Exercise，under Certain Conditions），《D：哥伦比亚档案3》（*D:Columbia Documents*）3，1993年，第89～113页。

阴影建筑，合唱纪念碑（Choragic Monument），

竞赛，纽约市篇，美国建筑师协会，1990年。优秀奖；修改于1992年

发表："阴影建筑"，*Semiotext(e) Architecture*，1992年，np.

透视图

分界线（Demarcating Lines），贝鲁特，1992年

发表："贝鲁特旅馆"，《建筑》（*Arquitectura*），墨西哥城，1992年，第42～45页。

"在某种条件下，它是可行的"，《D：哥伦比亚档案3》，1993年，第89～113页。

"纽约青年建筑师"，《空间设计》，1992年9月，第68～71页。

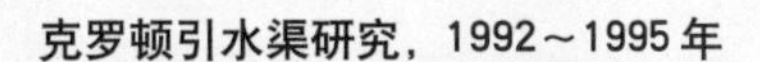

克罗顿引水渠研究，1992～1995年

合作：RAAUm小组（包括热斯·雷塞、波利·阿菲尔鲍姆、斯坦·艾伦和那纳可·乌梅摩托）

展出：《城市思考》，王后艺术博物馆，纽约，1995年。

发表："在某种条件下，它是可行的"，《D：哥伦比亚档案3》，1993年，第89～113页。

"新东海岸运动"，《空间设计》，1994年3月，第41～43页。

帕特里夏·C·菲利浦斯编，《城市思考》，纽约，普林斯顿建筑出版社，1996年，第72～77页。

"建筑中的折叠"，《建筑设计》，第102期，1993年，第86～89页。

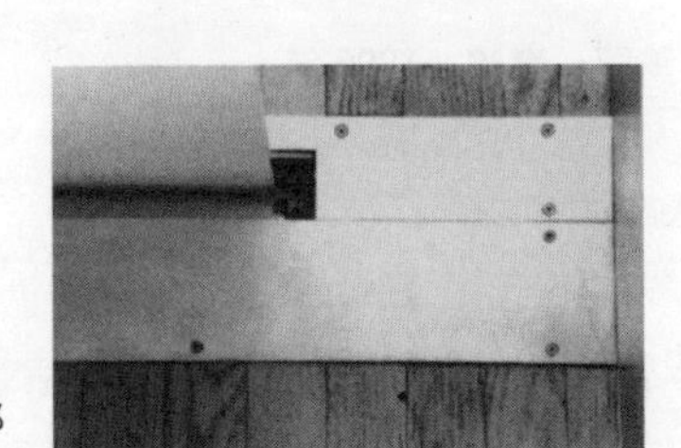
屏风细部

米勒 / 米特（Miller/Minter）阁楼，纽约，美国，1993～1996年

协助：凯瑟琳·凯姆

发表：Julie V. Iovine，"静止"，《纽约时代家居设计杂志》，1996年4月，第32～33页。

细部

Fertig阁楼改建，1993年

协助：凯瑟琳·凯姆

发表：达林·邦吉（Darleen Bungey），"旅行家的阁楼"，《家居与园艺》，1996年11月，第142～147页。

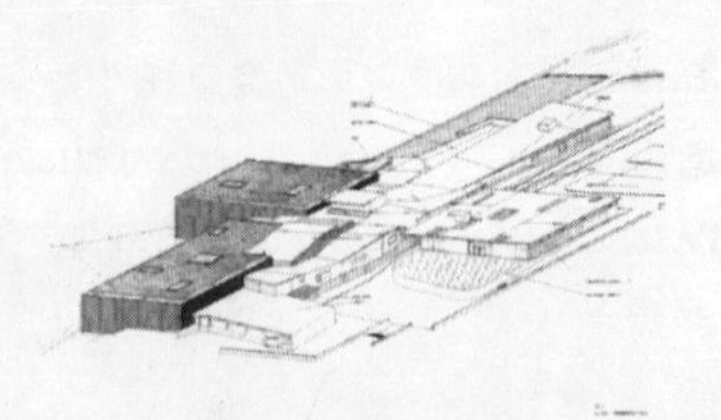
轴测图

爱沙尼亚艺术博物馆，塔林，爱沙尼亚，竞赛，1994年

发表："新一代建筑师"，《空间学报》，第329期，1995年3月，第62～71页。
"电脑辅助设计"，《Arch+》，第128期，1995年9月，第38～39页。

加的夫海湾剧场，加的夫，威尔士，竞赛，1994年

协助：杰克·菲利普斯、凯瑟琳·凯姆

发表："Take Four"，《世界建筑》，第42期，1996年1月，第106～109页。
本·范·伯克尔（Ben van Berkel）和卡洛琳·巴丝（Caroline Bos），"美国年轻建筑师"，《AA Files》，第29期，1995年6月，第79～83页。

贝鲁特露天市场重建，竞赛，1994年

协助：杰克·菲利普斯、凯瑟琳·凯姆

发表：Lynnette Widder，"误差幅度"（The Margins of Error），《Diadalos》第59期，1996年3月，第122～127页。
"建筑的力量"，《建筑设计》，第114期，1995年，第88～91页。
"新一代建筑师"，《空间学报》，第329期，1995年3月，第62～71页。

室内

艾弗里电脑工作室，纽约，美国，1994年

协助：利恩·莱斯、凯瑟琳·凯姆、安娜·米勒（Anna Mueller）

发表："新一代建筑师"，《空间学报》，第329期，1995年3月，第62～71页。贝弗利·罗素编，《40个未满40的》，格兰特·莱比兹，密歇根州，维塔出版社，1995年，第96～98页。
"电脑辅助设计"，《Arch+》，第128期，1995年9月，第38～39页。

韩美艺术博物馆，洛杉矶，美国，竞赛，1995年

协助：利恩·莱斯、凯瑟琳·凯姆、克里斯·佩里

模型：迈克尔·西尔弗（Michael Silver）

发表："韩美艺术博物馆"，"建筑设计"，第128期，1997年，第66～69页。
"建筑游戏"，《建筑设计》，第121期，1996年，第21页。

透视，1995年

普拉多美术馆扩建，马德里，西班牙，竞赛，1995/ 1998年

协助：安德鲁·伯吉斯、马丁·费尔森
电脑渲染为大卫·雷（David Ruy）
1998年修改，由克里斯·佩里和马赛尔·鲍姆加特纳协助

发表："普拉多美术馆"，《AP 建筑设计》（*AP Architectural Projects*），1996年6月，第40～47页。

入口/接待

扎布里斯基画廊（Zabriskie Gallery），纽约，美国，1995年

协助：利恩·莱斯、凯瑟琳·凯姆

戈登 / 沃尔夫（Gordon/Wolf）阁楼改建，纽约，美国，1996年

协助：利恩·莱斯、马丁·费尔森

巴塞罗那后勤活动区，巴塞罗那，西班牙，竞赛，1996年

协助：瑟琳·帕芒蒂埃、艾德里安·那彻瓦、托埃斯·拉格伯杰格、诺娜·叶海亚

发表：《1996年UIA巴塞罗那竞赛入选方案汇编》（*Concursos/Competitions UIA Barcelona 1996 catalog of finalists*），巴塞罗那，UIA，1997年，第28页。
"基础建设城市主义"，《Scroope》，第9期，1996年，第71～79页。
"表现符号"：巴塞罗那后勤活动区，编入《开放的城市》，约翰·克内克特（John Knechtel）编，多伦多，Alphabet City，1998年。

国家议会图书馆，关西县，日本，竞赛，1996年

协助：坂本勉、坂本美惠子、托埃斯·拉格伯杰格

发表：《A+U》，1998年8月。

模型

LB住宅，洛杉矶，1997年

协助：大卫·埃德曼（David Erdman）、凯瑟琳·凯姆、坂本勉、诺娜·叶海亚

模型

Diao住宅，1949年马赛尔·布劳埃（Marcel Breuer）住宅加建部分，纽约州，美国，1998年～

协助：克里斯·佩里

模型

米勒 / 米特住宅，冷泉（Cold Spring），纽约州，美国，1998年～

协助：马赛尔·鲍姆加特纳

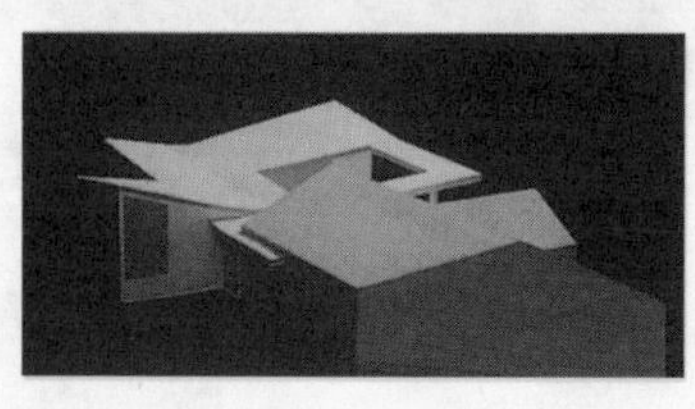

模型

VZ住宅加建，东汉普顿（East Hampton），纽约州，美国，1998年～

协助：克里斯·佩里

致 谢

建筑是一种协作的艺术，有许多人参与了这本书的出版工作。

我尤其要感谢肯尼斯·弗兰姆普敦和拉菲尔·莫尼欧的建议与支持；K·迈克尔·海斯和R·E·索姆将不足改造成优点的卓越才能；哥伦比亚大学建筑、保护和规划研究生院的同学们，他们始终督促着我阐述和提炼本书中的观点，而丰富的内涵则归功于伯纳德·屈米；所有我的办公室的成员，包括：马赛尔·鲍姆加特纳、马丁·费尔森、安娜·米勒、艾德里安·那彻瓦、瑟琳·帕芒蒂埃、克里斯·佩里、杰克·菲利普斯、利恩·莱斯、托埃斯·拉格伯杰格、迈克尔·西尔弗、诺娜·叶海亚；凯特琳·卡尔顿（Katrin Kalden）和马里亚诺·德斯马拉斯（Mariano Desmarás）的初步设计工作；以及普林斯顿建筑出版社的凯文·利珀特（Kevin Lippert）、马克·拉姆斯特（Mark Lamster）、萨拉·斯蒂曼等人为本书所做的细致工作；当然，最重要的，是波利·阿菲尔鲍姆的耐心和她不放过任何错误的双眼。

图片致谢

Cover: Archive Photos, NYC
19: *Das Neue Berlin* 4 (February 1929), 41.
21 : Agence France-Presse
54 (left)、100 : ©1998 Artists Rights Society (ARS), New York/ADAGP, Paris/FLC
55 (left): Collings Foundation
56: Carroll Seghers for *Fortune*
57: Tennessee Valley Authority
60 (top): ©Isaak S. Zonneveld and Richard T. T. Forman, eds. *Changing Landscapes: An Ecological Perspective* (New York: Springer Verlag 1990)
60 (bottom): California Department of Transportation
62: Alison Smithson, ed., *Team 10 Primer* (Cambridge, MA: MIT Press, 1968)
64: Ullstein Bilderdienst, Berlin, 1936
65 (bottom left): Moncalvo, Torino
65 (far right): Aleksandr Rodchenko
99: Pedro Feduchi
101: Luis Asnin
102 (top): ©The Estate of Eva Hesse. Courtesy Robert Miller Gallery
102 (bottom), 97: Barry Le Va. Courtesy Sonnabend Gallery, Inc.
105 (bottom):Copyright © Otto Bihalji-Merin, *The World from Above* (New York: Hill & Wang 1966)
106 : Schirmer Music
110 : Robert Cameron, *Above Los Angeles* (New York, Cameron & Co., 1990)

Barcelona Manual (pages83 ~ 95)
1A (left), 3D (center), 5B (top left): ©Isaak S. Zonneveld and Richard T. T. Forman, eds. *Changing Landscapes: An Ecological Perspective* (New York: Springer Verlag 1990)
1B (top center): Carroll Seghers for *Fortune*
1B (bottom center), 2C (top left), 3B (top center), 3C (bottom center), 3D (top left), 3D (bottom left), 6A (top center): © Richard T. T. Forman and Michel Godron, *Landscape Ecology* (New York: John Wiley & Sons, Inc., 1986). Reprinted by permission of John Wiley & Sons, Inc.
1C (bottom center): *Entfaltung einer Planungsidee* (Berlin: Verlag Ullstein, 1963), 133, ill. 119
2B (bottom left): City of Berlin Department of Construction
2C (bottom right): Alison Smithson, ed., *Team 10 Primer* (Cambridge, MA, MIT Press, 1968)
2D (bottom left): Tennessee Valley Authority.
2D (far right), 4B (right): *Housing the Airship.* ©The Architectural Association, 1989
3A (left): Courtesy Ludwig Mies van der Rohe Collection, Special Collections, The University Library, University of Illinois at Chicago
3B (left): Ludwig Hilberseimer, *The Nature of Cities* (Chicago: Paul Theobald and Co., 1955), 283, ill. 252
3C (top center): California Department of Transportation
4B (bottom left): Lev Zetlin. Architect: Gehron & Seltzer
5A (top center): © 1998 Andy Warhol Foundation for the Visual Arts/ARS, New York
5A (bottom center): Riccardo Morandi
6D (left): Jay Leyda & Zina Voynow, *Eisenstein at Work* (New York: Pantheon, 1982). Copyright 1982 Jay Leyda and Zina Voynow.